袁 龙 ◎编著

U0389125

Node.js
从基础到
项目实践
（视频教学版）

清华大学出版社

北京

内容简介

本书以理论结合实践的形式，讲解了 Node.js 基础、框架、进阶知识和项目实践。本书为视频教学版，每一章节都有相对应的视频讲解，通过视频讲解可快速切入主题，提高学习效率。

全书分为 4 大部分，共 13 章，分别是 Node.js 基础入门、Node.js 框架、Node.js 进阶以及企业项目实践。其中，第 1～3 章为 Node.js 基础入门讲解，包括 Node.js 核心模块、自定义模块、第三方模块；第 4～7 章为 Node.js 框架讲解，包括 Express 流行框架、MySQL 数据库、在 Express 框架中操作 MySQL 数据库以及 Express 框架身份验证；第 8～12 章为 Node.js 进阶讲解，包括 Node.js 事件循环、Koa 框架、socket.io、网络爬虫、GraphQL 基础语法；第 13 章为企业项目实践讲解，使用 Express 框架和 MySQL 数据库完成新闻管理系统 API 的开发。

本书适合网页设计与制作人员、网站建设开发人员、院校相关专业的学生、后端工程师、个人 Web 开发爱好者阅读和学习。

图书在版编目（CIP）数据

Node.js 从基础到项目实践：视频教学版/袁龙编著. —北京：清华大学出版社，2023.1（2023.11 重印）
ISBN 978-7-302-61980-2

Ⅰ. ①N… Ⅱ. ①袁… Ⅲ. ①JAVA 语言—程序设计 Ⅳ. ①TP312.8

中国版本图书馆 CIP 数据核字（2022）第 181846 号

责任编辑：贾小红
封面设计：姜　龙
版式设计：文森时代
责任校对：马军令
责任印制：宋　林

出版发行：清华大学出版社
　　　　网　　　址：https://www.tup.com.cn，https://www.wqxuetang.com
　　　　地　　　址：北京清华大学学研大厦 A 座　　　　邮　　编：100084
　　　　社 总 机：010-83470000　　　　邮　　购：010-62786544
　　　　投稿与读者服务：010-62776969，c-service@tup.tsinghua.edu.cn
　　　　质量反馈：010-62772015，zhiliang@tup.tsinghua.edu.cn
印 装 者：三河市东方印刷有限公司
经　　销：全国新华书店
开　　本：185mm×260mm　　　　印　　张：17.5　　　　字　　数：349 千字
版　　次：2023 年 1 月第 1 版　　　　印　　次：2023 年 11 月第 2 次印刷
定　　价：79.80 元

产品编号：096265-01

序 言

当下，各行各业都面临着大数据、人工智能、AR（augmented reality，增强现实）、VR（virtual reality，虚拟现实）等各种互联网新技术的冲击。在此技术背景下，Web 前端行业也发生了巨大的改变，前端程序员已从单纯的切图处理发展到了需要处理多种后端业务。其中，Node.js 就是连接前端和后端的一件利器。

准确地说，Node.js 是专门为前端工程师打造的运行环境，可以让 JavaScript 变成一门后端语言，实现后端接口开发。因此，Node.js 可以让前端工程师华丽转身，跨入全栈工程师的行列，拥有更多的技术优势。

本书内容

本书内容分为 4 大部分，系统地讲解了 Node.js 的各项基础知识、框架和进阶内容，同时给出了一个企业项目实践。具体结构划分如下。

第 1 部分为 Node.js 基础入门，包括第 1～3 章，主要讲解 Node.js 核心 API，掌握核心模块、自定义模块、第三方模块的使用，实现服务器的创建。

第 2 部分为 Node.js 框架，包括第 4～7 章，主要讲解当前比较流行的 Express 框架以及 MySQL 数据库，Web 开发模式和不同开发模式对应的身份验证，实现接口 API 的开发。精通本章知识，标志着读者可正式跨入全栈工程师的行列。

第 3 部分为 Node.js 进阶，包括第 8～12 章，主要讲解事件循环、高级框架、高级模块的使用，读者可畅快地体验新技术带来的乐趣，如自行开发一个爬虫程序。

第 4 部分为企业项目实践，包括第 13 章，主要讲解新闻管理系统 API 的开发，使读者掌握项目实践的开发技巧。

本书特点

☑ 简明易学，入门轻松

本书语言通俗易懂，知识讲解简洁明了，直指核心，甚少有冗余、无用的话；同时理论结合案例，使读者能快速悟到 Node.js 的开发精髓。

☑ 实用性强

本书是笔者对多年 Node.js 实践经验的干货分享，知识虽多，但并非平铺直叙。哪些技术点能在实际工作中用到，哪些技巧能帮助读者节省大量的时间和精力，所有的实践经验都在本书的内容设计中一一体现。因此，本书的实用性极强，读者认真地学习，可以在短时间内掌握最实用的开发技巧。

☑ 案例丰富

本书几乎每个章节都提供了案例演示，且操作步骤详细，读者边学边做，可更有效地消化、理解所学的知识点。只要能独立完成书中的案例，即可达到专业的 Node.js 开发水平。

☑ 视频讲解

本书几乎每个章节都提供了详尽的同步教学视频，跟着视频学，不但对操作过程看得更清晰，而且可快速切入主题，提高学习效率。

配套学习资源

为方便读者快速入门，本书配备了源码、课件、视频等学习资源，读者可扫描二维码学习、下载。具体资源如下：

☑ 全书案例源码、项目实战源码

☑ 同步教学视频

☑ 教学课件 PPT

配套学习资源

同时，Node.js 技术更迭很快，笔者会不定期地推出一些新的视频，如介绍新的技术框架、新的版本知识等。该部分内容会持续更新，读者可扫描右侧二维码关注、了解，持续提升自己。

持续更新资源

读者对象

本书适用于网页设计与制作人员、网站建设开发人员、院校相关专业的学生、后端工程师、个人 Web 开发爱好者学习。

本书在编写过程中历经多次勘校、查证，力求减少差错，尽善尽美，但由于笔者水平有限，书中难免存在遗漏的问题，欢迎读者批评指正。

不管未来的技术如何更迭，希望读者能一步一步脚踏实地，朝着心中希望的结果前行。祝大家学习快乐！

目　录

Contents

第 1 章

Node.js 基础入门

本章主要介绍什么是 Node.js，Node.js 的运行环境，以及 Node.js 中各模块的使用方法，如使用 fs 模块读写文件、使用 path 模块处理路径、使用 http 模块创建 web 服务器等。

1.1 回顾浏览器中的 JavaScript

在正式学习 Node.js 之前，先来回顾浏览器中的 JavaScript（简称 JS）由哪几部分组成。很显然，浏览器中的 JavaScript 由两大部分组成，分别是 JavaScript 核心语法和 WebAPI。其中，WebAPI 中包含了 DOM 操作和 BOM 操作。

接下来，我们回顾 JavaScript 是如何在浏览器中被执行的。用户写好 JavaScript 代码后，会将代码在浏览器上运行。代码之所以能被解析运行，是因为浏览器中有 JavaScript 解析引擎，该引擎的存在使得浏览器可以正确运行 JavaScript 代码。

不同的浏览器，其 JavaScript 解析引擎也是不一样的。下面是常见的浏览器及其所对应的 JavaScript 解析引擎。

- ☑ Chrome（谷歌）：对应的 JavaScript 解析引擎为 V8。
- ☑ Firefox（火狐）：对应的 JavaScript 解析引擎为 OdinMonkey。
- ☑ Safri（苹果）：对应的 JavaScript 解析引擎为 JSCore。

最后，再来回顾浏览器中 JavaScript 为什么可以操作 DOM 元素和 BOM 元素。这是因为浏览器中内置了很多 API，其中包括 DOM API 和 BOM API，操作 DOM 和 BOM 的过程就是操作浏览器提供的 DOM API 和 BOM API 的过程，最后通过 JavaScript 解析引擎执行代码。

如果有读者还不熟悉 JavaScript，建议参阅专门的 JavaScript 图书进行学习。须知，能熟练应用 JavaScript 是学习 Node.js 的基础。

📢 注意：在浏览器中执行 JavaScript 代码有以下两个必要条件：

（1）浏览器提供了许多内置 API，脱离浏览器后，某些 API 将无法使用。因此，可以说浏览器是 JavaScript 的运行环境。

（2）最终的 JavaScript 代码要通过 JavaScript 解析引擎执行。

1.2 Node.js 简介

本节将介绍什么是 Node.js、为什么要学习 Node.js、如何学习 Node.js，以及在 Node.js 环境中执行 JavaScript 代码的过程。

1.2.1 什么是 Node.js

Node.js 的官方网站是这样介绍的：Node.js® 是一个基于 Chrome V8 引擎的 JavaScript 运行时环境。从官方简介可以清楚地发现，Node.js 是 JavaScript 的一个运行环境，并且是基于 Chrome V8 解析引擎的。由此可见，JavaScript 代码不仅可以在浏览器中执行，还可以在 Node.js 中执行。

既然浏览器和 Node.js 都是 JavaScript 的运行环境，为什么我们还要学习 Node.js 呢？这是因为 Node.js 可以使用 JavaScript 做后端开发，而在浏览器中 JavaScript 只能做前端开发。也就是说，通过 Node.js，JavaScript 可以和 PHP、Java 等后端开发语言平起平坐。

把 JavaScript 代码运行在浏览器端，可以进行前端开发；把 JavaScript 代码运行在 Node.js 上，可以做后端开发。因此，Node.js 的出现使得前端工程师可以发展成全栈工程师，大大提高了前端程序员的行业竞争力。

那么该如何学习 Node.js 呢？要想学好 Node.js，首先需要掌握 JavaScript 的基础语法，这是必备的前提条件。而在本书中，我们将重点学习 Node.js 的内置模块、自定义模块和第三方模块。

1.2.2 详解 Node.js 运行环境

在 Node.js 运行环境中，最核心的内容是 Chrome V8 JavaScript 解析引擎和 Node.js 内置 API。调用 Node.js 提供的 API 编写 JavaScript 代码，最终通过 V8 解析引擎执行代码。

需要注意的是，Node.js 中内置的 API 和浏览器中内置的 API 完全不同。例如，Node.js 中没有操作 DOM 和 BOM 的 API，所以不能进行 DOM 和 BOM 操作。

那么 Node.js 到底提供了哪些内置 API 呢？在后续的章节中将详细讲解。

1.3　安装 Node.js 运行环境

本节将介绍 Node.js 长期维护版本和最新尝鲜版本的区别，以及打开终端、在终端查看 Node.js 版本等操作。

1.3.1　选择 Node.js 版本

要在 Node.js 上运行 JavaScript 代码，首先需要安装 node.js 运行环境。

打开 Node.js 官网（https://nodejs.org/zh-cn/），单击"长期维护版"进行下载，如图 1-1 所示。

图 1-1　下载 Node.js 版本

从图 1-1 中可以看出，长期维护版的版本号比最新尝鲜版的版本号要低。那么，具体应该如何选择 Node.js 版本呢？

对于要正式上线的企业项目，建议使用长期维护版本，因为长期维护版稳定性更强，几乎没有 bug（即缺陷）。每当企业要推出一些新功能时，就会发布最新尝鲜版（也就是测试版本），其中含有很多令人惊喜的新功能或新特性，但稳定性相对就会差很多，还有可能存在 bug。因此，最终上线的企业项目不推荐使用尝鲜版。

1.3.2　查看 Node.js 版本号

打开终端，输入命令 node -v，即可查看系统上安装的 Node.js 版本号。

在 Windows 系统中如何打开终端呢？按 Windows+R 快捷键可打开"运行"窗口，输入 cmd 命令即可打开终端，JavaScript 文件也可以在终端运行。

在终端查看 Node.js 版本号，如图 1-2 所示。

图 1-2　查看 Node.js 当前版本号

1.4　在 Node.js 中执行 JavaScript 文件

在 Node.js 环境中运行 JavaScript 文件，需要执行如下两个步骤。

（1）打开终端。

（2）在终端使用 node 命令运行 JavaScript 文件。

创建本章的站点目录 node_demo，然后在根目录下创建 app.js 文件，代码如图 1-3 所示。

在终端使用 node 命令运行 app.js 文件，语法命令如下：

```
node app.js
```

执行结果是打印"Hello World"，如图 1-4 所示。

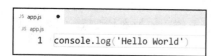

图 1-3　app.js 文件代码

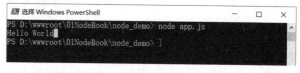

图 1-4　app.js 文件执行结果

📢 **注意**：要想在终端运行 app.js 文件，需要先进入 app.js 文件所在的目录。最简单的方法是先打开文件所在的位置，然后在按住 shift 键的同时单击鼠标右键，在弹出的快捷菜单中选择"在此处打开 Powershell 窗口"命令，如图 1-5 所示。

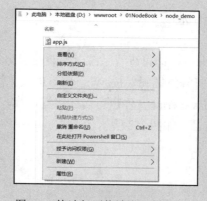

图 1-5　快速打开终端进入项目目录

最后介绍几个终端非常实用的快捷键，分别是 Cls 键、Tab 键和↑键。

- ☑　Cls：清空终端。
- ☑　Tab：自动补齐路径。
- ☑　↑：重新执行上次的命令。

1.5　Node.js 内置模块

Node.js 的基础核心由内置模块、自定义模块以及第三方模块组成，本节将介绍 Node.js 常用的内置模块，如 fs 模块、path 模块和 http 模块。

1.5.1　fs 模块

fs 模块是 Node.js 的内置模块之一，其作用是操作文件，如读取文件内容或者向文件中写入内容等。

1. 使用 fs 模块读取文件内容

要想在 JS 文件中使用 fs 模块，需要先导入模块。代码如下：

```
//导入 fs 模块
const fs = require('fs')
```

读取文件内容的语法命令如下：

```
fs.readFile(path[,options],callback)
```

上述命令可调用 fs 模块的 readFile()方法读取文件的内容，各参数的含义如下：

- ☑　path 是必填参数，表示读取文件的路径。
- ☑　[options]是可选参数，表示设置读取文件的编码格式。
- ☑　callback 是必填参数，表示回调函数，获取读取文件的结果。

掌握读取文件的语法之后，在根目录下新建 content.txt 文件，并写入 Hello World，然后使用 fs.readFile()方法读取 content.txt 文件。示例代码如下：

```
const fs=require('fs')
fs.readFile('./content.txt','utf-8',(err,data)=>{
    //打印失败的结果
    console.log('err',err)
    console.log('---')
    //打印成功的结果
    console.log('data',data)
})
```

代码解析：

（1）readFile()方法中的参数'./content.txt'表示读取当前目录中的 content.txt 文件，'utf-8'表示编码格式。

（2）回调函数中的参数 err 表示读取失败，data 表示读取成功。如果文件读取成功，err 的值打印结果为 null，data 的值就是文件内容；如果文件读取失败，err 打印读取文件失败的错误对象，data 的值为 undefind。

根据上述结论，在实际项目开发中可以根据 err 的值是否为 null 来判断文件读取是否成功。如果 err 的值能转成 true，表示 err 的值不等于 null，则说明文件读取失败。示例代码如下：

```
const fs=require('fs')
fs.readFile('./content.txt','utf-8',(err,data)=>{
  if(err){
     return console.log('文件读取失败',err.message)
  }
  console.log('文件读取成功',data)
})
```

在终端运行 JS 文件，读取文件的结果如图 1-6 所示。

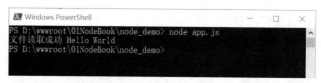

图 1-6　读取 content.txt 文件结果

2. 使用 fs 模块写入内容

fs 模块不仅可以读取文件内容，还可以向文件中写入内容。调用 fs.writeFile()方法即可写入内容，语法命令如下：

```
fs.writeFile(file,data[,options],callback)
```

各参数的含义如下：

☑　file 是必填参数，表示待写入文件的路径。

☑　data 是必填参数，表示待写入文件的内容。

☑　[options]是可选参数，表示写入内容的编码格式，默认是 utf-8 编码。

☑　callback 是必填参数，表示回调函数，用于获取写入文件的结果。

掌握语法之后，接下来向 content.txt 文件写入"Node.js"文本内容，示例代码如下：

```
const fs=require('fs')
fs.writeFile('./content.txt','Node.js',err=>{
   if(err){
      return console.log('文件写入失败',err.message)
   }
```

```
    console.log('文件写入成功')
})
```

代码解析：

fs.writeFile()方法中的第 3 个参数默认为 utf-8 编码，可以省略。不管文件写入成功还是失败，最终都会执行回调函数。

如果 err 的值为 true，表示 err 不等于 null，则说明写入失败；如果 err 的值为 null，则表示文件写入成功。

此时虽然可以正确地把"Node.js"文本写入文件中，但如果原文件中本身就有内容，使用 fs.writeFile()方法会把原内容删除。要想保留原内容，可使用 fs.appendFile()方法。示例代码如下：

```
const fs=require('fs')
fs.appendFile('./content.txt','Node.js',err=>{
    if(err){
        return console.log('文件写入失败',err.message)
    }
    console.log('文件写入成功')
})
```

3. 文件相对路径转绝对路径

使用 fs 模块操作文件时，不管是读取文件还是写入文件，方法中的第一个参数就是填写文件路径。如果填写的路径是"./"或者"../"开头的相对路径，这是一种不规范的写法，有可能造成路径拼接错误的情况。

文件路径的严谨写法是直接填写绝对路径。在 Node.js 中使用__dirname 可以获取文件当前的目录。操作文件的严谨代码如下：

```
const fs=require('fs')
fs.readFile(__dirname+'/content.txt','utf8',(err,data)=>{
    //打印__dirname
    console.log(__dirname)
    if(err){
        return console.log('文件读取失败',err.message)
    }
    console.log('文件读取成功',data)
})
```

1.5.2　path 模块

path 模块是 Node.js 的核心模块之一，其作用是处理文件路径。例如，使用 path 模块将多个文件路径片段拼接成一个完整的路径，或者从路径中提取文件名称等。

1. 使用 path.join()方法拼接文件路径

要想在 JS 文件中使用 path 模块，首先需要导入模块。导入代码如下：

```
//导入 path 模块
const path = require('path')
```

path.join()方法的语法命令如下：

```
path.join([...paths])
```

参数 paths 表示多个路径片段，最终会返回一个完整的路径。拼接路径的示例代码如下：

```
const path=require('path')
const pathRes=path.join('D','demo','node')
console.log(pathRes)
```

上述代码中，pathRes 的打印结果为"D\demo\node"。

📢 **注意**：如果拼接的路径中包含"../"，会把前面一层目录删除。例如，下述代码最终的打印结果是"D\node"。

```
const path=require('path')
const pathRes=path.join('D','demo','../','node')
console.log(pathRes)
```

通过 path.join()方法可以返回一个完整的路径，但该路径是字符串类型，有时会不利于操作。调用 path.parse()方法可以将字符串类型转换成对象类型，示例代码如下：

```
const path=require('path')
const pathRes=path.join('D','demo','node')
//使用 path.parse()方法转换成对象类型
console.log(path.parse(pathRes))
```

在终端执行 JS 文件，打印结果如图 1-7 所示。

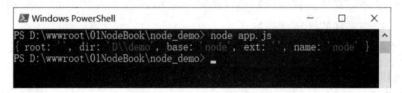

图 1-7　pathRes 打印结果

掌握 path 模块的基本用法之后，在使用 fs 模块读取文件时，路径的拼接就可以使用 path.join()方法。

以前使用的是字符串拼接路径，示例代码如下：

```
const fs=require('fs')
fs.readFile(__dirname+'/content.txt','utf8',(err,data)=>{
    if(err){
        return console.log('文件读取失败',err.message)
    }
    console.log('文件读取成功',data)
})
```

使用 path.join()方法拼接路径的示例代码如下：

```
const fs=require('fs')
const path=require('path')
fs.readFile(path.join(__dirname,'./content.txt'),'utf8',(err,data)=>{
    if(err){
        return console.log('文件读取失败',err.message)
    }
    console.log('文件读取成功',data)
})
```

2. 使用 path.basename()方法获取文件名

path.basename()方法用于获取路径中的文件名，即获取路径中的最后一部分。语法命令
如下：

```
path.basename(path[,ext])
```

各参数的含义如下：

☑　path 是必填参数，表示文件的路径。

☑　ext 是可选参数，表示文件的扩展名。

返回值是 path 路径的最后一层，示例代码如下：

```
const path=require('path')
//定义路径
const fpath='node/abc/index.html'
//获取路径中的文件名
let fname=path.basename(fpath)
console.log(fname)   //打印结果为 index.html
```

上述代码并没有传递第 2 个参数扩展名。如果传递扩展名，打印结果会把扩展名删掉，
只保留文件名。代码如下：

```
const path=require('path')
//定义路径
const fpath='node/abc/index.html'
//获取路径中的文件名
let fname=path.basename(fpath,'html')   //传入扩展名
console.log(fname)   //打印结果为 index
```

3. 使用 path.extname()方法获取文件扩展名

path.extname()方法的作用是获取路径中文件的扩展名，语法命令如下：

```
path.extname(path)
```

path 为必填参数，表示路径字符串，返回值是扩展名字符串。示例代码如下：

```
const path=require('path')
//定义路径
const fpath='node/abc/index.html'
```

```
//获取路径中的文件扩展名
let fext=path.extname(fpath)
console.log(fext) //打印结果为.html
```

4. 使用 path.dirname()方法去掉路径的最后一层

path.dirname()方法的作用是去掉路径的最后一层，只保留前面的路径，语法命令如下：

```
path.dirname(path)
```

path 为必填参数，表示路径字符串，返回值是去掉最后一层的路径。示例代码如下：

```
const path=require('path')
//定义路径
const fpath='node/abc/index.html'
//获取文件路径位置
let fname=path.dirname(fpath)
console.log(fname) //打印结果为 node/abc
```

1.5.3 http 模块

http 模块是 Node.js 的内置模块之一，其作用是创建 Web 服务器。也就是说，通过 http
模块可以把一台普通的计算机变成一台服务器。http 模块是本章的重要知识，读者一定要
认真学习。

学习 http 模块之前，首先需要了解两个和服务器相关的概念——IP 地址和端口号。

互联网中的两台计算机之间要想实现数据通信，首先要知道对方的 IP 地址。IP 地址就
是一台计算机的唯一地址标识，每台联网的计算机都有自己的 IP 地址。在终端运行 ping
命令，可查看服务器的 IP 地址。例如，要查看百度的服务器地址，在终端运行
pingwww.baidu.com 命令，运行结果如图 1-8 所示。

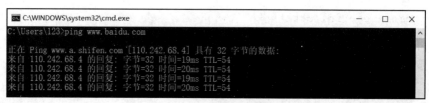

图 1-8　查看百度服务器 IP 地址

📢 注意：如果把本地计算机设置成服务器，本地计算机的 IP 地址将为 127.0.0.1，对应的
域名是 localhost。

另一个概念是端口号。在计算机中可以运行多个 Web 服务，每个服务都对应一个唯一
的端口号，当客户端发送网络请求时，服务器端根据端口号进行 Web 服务处理。

📢 注意：每个端口号只能对应一个 Web 服务，如果是 80 端口，可以省略不写。

了解服务器的基本概念之后，接下来我们使用 http 模块创建一个服务器，操作分为如下 4 步。

（1）导入 http 模块。

（2）调用 http.createServer()方法，创建服务器实例。

（3）为服务器实例绑定 request 事件。

（4）设置端口号，启动服务器。

示例代码如下：

```
//1 导入 http 模块
const http=require('http')
//2 创建服务器实例对象
const server=http.createServer()
//3 为服务器绑定 request 事件
server.on('request',(req,res)=>{
    console.log('server')
})
//4 设置端口号，启动服务器
server.listen(8080,()=>{
    console.log('服务器启动成功，请访问 http://127.0.0.1')
})
```

运行上述代码，控制台打印结果如图 1-9 所示。

图 1-9　服务器启动成功

代码解析：

（1）导入 http 内置模块。

（2）通过 http 模块提供的 createServer()方法创建服务器实例，使用常量 server 接收创建好的服务器对象。

（3）调用 server.on()方法为服务器绑定 request 事件。server.on()方法接收两个参数，第 1 个参数是事件名称，第 2 个参数是当事件触发时执行的回调函数。

（4）调用 server.listen()方法启动服务器。server.listen()方法传递两个参数，第 1 个参数设置服务器的端口号，第 2 个参数是回调函数，当服务器启动成功之后调用。

注意：当访问 http://127.0.0.1:8080 时，控制台虽然提示服务器启动成功，但是没有做出任何响应，所以当前页面处于加载状态，不会显示任何内容。

接下来详细讲解 server.on()方法中的回调函数。回调函数中有两个参数，分别是 req 和 res，其中 req 表示请求，res 表示响应。

req 是请求对象，包含了与客户端相关的数据，如监听客户端的 url 地址、监听客户端的请求类型等。请求示例代码如下：

```
//3.为服务器绑定 request 事件
server.on('request',(req,res)=>{
    //req.url 获取客户端请求的 URL 地址
    const url=req.url
    console.log(url)
})
```

res 是响应对象，包含了与服务器相关的数据，如把数据响应给客户端（之前访问拿不到内容，是因为服务器没有做出响应）。响应示例代码如下：

```
server.on('request',(req,res)=>{
    //req.url 获取客户端请求的 URL 地址
    const url=req.url
    //使用 res.end()方法向客户端响应内容,并结束本次请求
    res.end('Hello World')
})
```

在浏览器中访问地址 http://127.0.0.1:8080，请求结果为 Hello World，如图 1-10 所示。

代码解析：

res.end()方法的作用是服务器向客户端响应内容，并且结束本次处理请求。

需要注意的是，res.end()方法可以直接响应英文，但如果服务器响应的是中文字符串，则会出现乱码。示例代码如下：

```
server.on('request',(req,res)=>{
    //req.url 获取客户端请求的 URL 地址
    const url=req.url
    //使用 res.end()方法向客户端响应内容,并结束本次请求
    res.end('哈喽')
})
```

再次访问地址 http://127.0.0.1:8080，浏览器返回的结果出现了乱码，如图 1-11 所示。

图 1-10　客户端请求结果

图 1-11　响应中文出现乱码

要解决中文乱码问题，服务端在响应过程中需使用 res.setHeader()方法设置响应头。示例代码如下：

```
server.on('request',(req,res)=>{
    //req.url 获取客户端请求的 URL 地址
    const url=req.url
    //防止中文乱码,设置响应头
    res.setHeader('Content-Type','text/html;charset=utf-8')
```

```
//使用 res.end()方法向客户端响应内容,并结束本次请求
   res.end('哈喽')
})
```

重新启动服务器,访问地址 http://127.0.0.1:8080,浏览器返回的结果已能正确显示,如图 1-12 所示。

图 1-12 解决中文乱码问题

1.5.4 http 模块综合案例

学习了 req 和 res 知识之后,下面来看一个综合案例。当客户端访问"/"或"/index.html"时,服务器响应为"Hello World";当客户端访问"/news.html"时,服务器响应为"新闻中心";当客户端访问其他地址时,服务器响应为"404"。

要实现本案例,需要进行如下 4 个步骤的操作。

(1)获取客户端输入的请求地址。

(2)设置默认响应内容。

(3)判断用户请求地址。

(4)使用 res.end()将数据响应给客户端。

示例代码如下:

```
server.on('request',(req,res)=>{
   //req.url 获取客户端请求的 URL 地址
   const url=req.url
   let content='404'
   if(url=='/'||url=='/index.html'){
      content='Hello World'
   }else if(url=='/news'){
      content='新闻中心'
   }
   //防止中文乱码,设置响应头
   res.setHeader('Content-Type','text/html;charset=utf-8')
   //使用 res.end()方法向客户端响应内容,并结束本次请求
   res.end(content)
})
```

代码解析:

(1)使用 req.url 获取客户端输入的请求地址。

(2)使用 if 语句判断用户输入的请求地址,根据请求地址为 content 重新赋值。

1.6　渲染数据列表

1.5 节中学习了 fs 模块、path 模块和 http 模块，下面使用这 3 个内置模块来实现一个列表渲染效果。

在客户端访问"/index"加载 index.html 首页文件，服务器端定义学生列表数据，并将数据渲染到首页文件中，最终首页效果如图 1-13 所示。

姓名	性别	年龄
Xm	男	20
Xh	女	18
Xz	男	15

图 1-13　列表渲染效果图

本例的实现过程分为如下 5 个步骤。

（1）准备 index.html 静态页面。

（2）获取客户端输入的请求地址。

（3）使用 fs 模块加载 index.html 页面。

（4）定义学生列表数据。

（5）渲染学生列表。

首先，我们来实现第 1 步——准备 index.html 静态页面。示例代码如下：

```html
<!DOCTYPE html>
<html>
<head>
    <meta charset="utf-8" />
    <title>学生列表页面</title>
</head>
<body>
    <table border="1" >
        <tr>
            <td>姓名</td>
            <td>性别</td>
            <td>年龄</td>
        </tr>
        @@
    </table>
</body>
</html>
```

第 2～5 步的示例代码如下：

```javascript
//导入 http 模块
const http = require('http');
//导入 fs 模块
const fs = require('fs');
//导入 path 模块
const path=require('path')
//创建服务器实例对象
const server = http.createServer();
//定义渲染给客户端的列表数据
var student = [
    { name: 'Xm', sex: '男', age: 20, },
    { name: 'Xh', sex: '女', age: 18, },
    { name: 'Xz', sex: '男', age: 15, }
]
//监听客户端 request 请求
server.on('request', (req,res)=>{
    //获取客户端请求地址
    const url = req.url;
    //如果客户端访问/index
    if (url == '/index') {
        //读取 index.html 文件
        fs.readFile(path.join(__dirname,'/index.html'), 'utf-8', (err,data)=>
{
            //文件读取失败
            if (err) {
                console.log(err.message);
                return;
            }
            //文件读取成功
            let html = '';
            student.forEach((item)=> {
                html += `<tr>
                    <td>${item.name}</td>
                    <td>${item.sex}</td>
                    <td>${item.age}</td>
                    </tr>`
            })
            //将数据插入 html 页面
            var data = data.replace('@@', html);
            //设置响应头
            res.setHeader('Content-Type','text/html;charset=utf-8')
            //把数据响应给客户端
            res.end(data)
        })
    }
})
//设置端口号并启动服务器
```

```
server.listen(8080, function () {
    console.log('服务器已经启动请访问http://127.0.0.1:8080')
})
```

代码解析：

（1）在 server.on()监听客户端请求时，使用 req.url 获取客户端请求地址。如果用户访问的是"/index"，则使用 fs 模块加载 index.html 页面。

（2）使用数组的 forEach 方法循环遍历数组，从而获取到学生列表数据。

（3）最后使用 res.end()方法，将最终数据渲染到 index.html 页面。

1.7 响应静态资源

本节讲解如何在服务器端响应静态资源。在一个完整的网站中，常见的静态资源有图片、CSS 文件和 JS 文件，页面要想正常加载这些静态资源，服务器端就必须做出响应。

当客户端访问"/index"时，加载 index.html 页面。index.html 页面中包含图片、CSS 文件和 JS 文件。index.html 静态代码如下：

```html
<!DOCTYPE html>
<html lang="en">
<head>
    <meta charset="UTF-8">
    <meta http-equiv="X-UA-Compatible" content="IE=edge">
    <meta name="viewport" content="width=device-width, initial-scale=1.0">
    <title>Document</title>
    <link rel="stylesheet" href="/public/css/style.css">
    <script src="/public/js/main.js"></script>
</head>
<body>
    <h1>Hello World</h1>
    <img src="images/test.jpg" alt="">
</body>
</html>
```

代码解析：

index.html 文件中包含图片、CSS 文件和 JS 文件。

下面返回 app.js，使用 fs 模块读取 index.html 文件，然后监听 request 请求。示例代码如下：

```
//监听客户端 request 请求
server.on('request', (req,res)=>{
    //获取客户端请求地址
    const url = req.url;
```

```
    //如果客户端访问/index
if (url == '/') {
    //读取 index.html 文件
    fs.readFile(path.join(__dirname,'/index.html'), 'utf-8', (err,data)=>
{
        //文件读取失败
        if (err) {
            console.log(err.message);
            return;
        }
        //设置响应头
        res.setHeader('Content-Type','text/html;charset=utf-8')
        //把数据响应给客户端
        res.end(data)
    })
    }
})
```

在浏览器中访问 http://127.0.0.1:8080/，发现图片等静态资源并没有渲染出来。按住 F12 键打开控制台，单击"网络"，此时的图片状态是 404。当把鼠标移动到图片上时，获取到的图片路径是 http://127.0.0.1:8080/images/test.jpg，如图 1-14 所示。

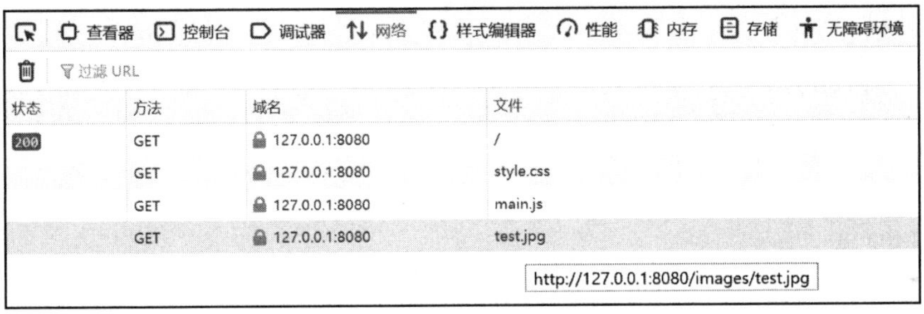

图 1-14　客户端图片路径

这里的图片为什么没有加载出来？原因非常清楚。用户在客户端请求的图片地址是 /images/test.jpg，但服务器端并没有做出响应。服务器端响应代码如下：

```
else if(url=='/images/test.jpg'){
    fs.readFile(path.join(__dirname,'/images/test.jpg'),(err,data)=>{
        if(err){
            return console.log(err.message)
        }
        res.end(data)
    })
}
```

执行服务器端响应代码后，客户端再次访问 http://127.0.0.1:8080/，此时图片可以正常加载出来，如图 1-15 所示。

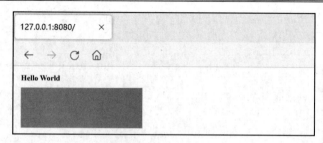

图 1-15　图片正常加载

📢 **注意**：网站是由若干个图片文件、JS 文件和 CSS 文件组成的，让每个静态资源都在服务器中单独做出响应，这是不现实的。

从上述代码可以看出，静态资源的请求地址其实就是文件的实际路径，有了这个结论，网站中其他的静态资源可以修改如下：

```
else {
    //请求地址即是文件实际路径
    const fpath = path.join(__dirname, url)
    //读取文件
    fs.readFile(fpath, (err, data) => {
        if (err) {
            return res.end(err.message)
        }
        res.end(data)
    })
}
```

代码解析：

上述代码重点需要理解 fpath 既是客户端的请求地址，也是静态资源的实际路径。

第2章

Node.js 自定义模块

第 1 章介绍了 Node.js 的内置模块，本章开始讲解 Node.js 的自定义模块。顾名思义，自定义模块就是用户自己封装的功能模块。通过本章内容，读者可以掌握自定义模块的定义方法、共享自定义模块的属性和方法、CommonJS 规范等知识点。

2.1　创建自定义模块

每一个功能模块，其本质都是一个 JS 文件，下面介绍创建自定义模块的方法。

在项目的根目录下新建 test.js 文件，运行文件在控制台打印"Hello World"。test.js 的示例代码如下：

```
//test.js 就是一个用户自定义模块
console.log('Hello World')
```

在项目的根目录下新建 index.js 文件，在 index.js 文件中导入 test.js 模块。示例代码如下：

```
//在 index.js 文件中导入 test.js 模块
const t1=require('./test.js')
console.log(t1)
```

在终端运行 index.js，运行结果如图 2-1 所示。

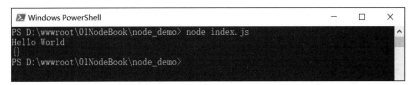

图 2-1　自定义模块运行结果

代码解析：

（1）在引入自定义模块时需要使用 require()方法，且路径标识符须以"./"或者"../"开头。如果不以"./"或"../"开头，Node.js 会将其当成内置模块或第三方模块处理。

（2）如果终端打印出"Hello World"，则说明使用 require()方法加载的自定义模块代码能够正确执行。

（3）此时的 t1 是一个空对象。

当前 test.js 模块没有任何意义，下面在 test.js 文件中声明方法和属性。例如，声明 sayHi

为打招呼的方法，代码如下：

```
console.log('加载 test.js 模块')
//声明属性
const username='xm'
//声明方法
function sayHi(){
    console.log('大家好，我是：'+username)
}
```

既然 index.js 文件中已经导入了 test.js 模块，是不是就表示在 index.js 文件中可以使用 sayHi()方法和 username 属性了呢？下面在终端重新运行 index.js 文件，运行结果如图 2-2 所示。

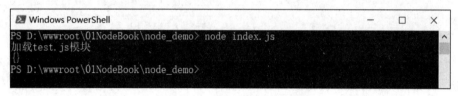

图 2-2　自定义模块运行结果

通过图 2-2 可见，打印的 t1 仍然是一个空对象，没有任何属性。这是因为默认情况下 Node.js 中的模块有作用域，在模块内部定义的属性和方法，只能在当前模块中使用。

2.2　共享自定义模块的属性和方法

默认情况下，自定义模块中的属性和方法只能在模块内部使用，但这并不符合用户创建自定义模块的初衷。本节将介绍如何共享自定义模块中的属性和方法。

2.2.1　module 对象

自定义模块中内置了 module 对象，其中保存了当前模块的各种属性。

新建 module.js 文件，打印 module 对象，打印结果如图 2-3 所示。

从图 2-3 中可以看到，module 对象中包含了很多属性，读者应重点掌握的是 exports 属性。通过设置 exports，可以向外共享属性或者方法。默认情况下，exports 是一个空对象，2.1 节打印的 t1 就是 module.exports 指向的对象，这个结论非常重要。

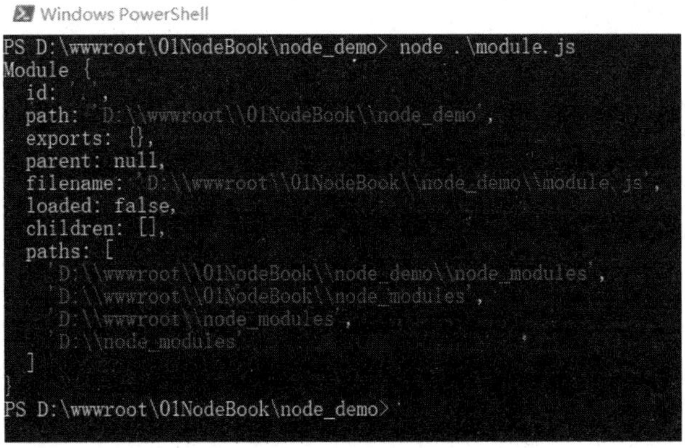

图 2-3　打印自定义模块 module 对象

返回 test.js 模块，将 username 属性和 sayHi()方法挂载到 module.exports 对象中。示例代码如下：

```
console.log('加载 test.js 模块')
//向 module.exports 对象挂载 username 属性
module.exports.username='xm'
//向 module.exports 对象挂载 sayHi()方法
module.exports.saHi=function(){
    console.log('Hello')
}
```

在终端重新运行 index.js 文件，运行结果如图 2-4 所示。

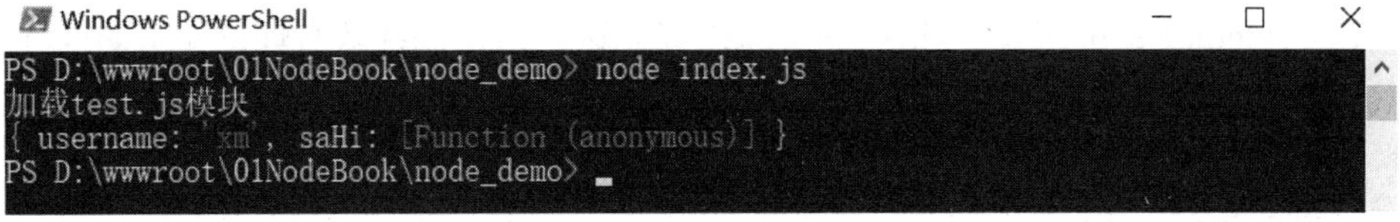

图 2-4　自定义模块打印结果

从图 2-4 可见，此时 t1 的打印结果并不是空对象，而是包含了 username 属性和 sayHi()方法。

2.2.2　自定义模块共享成员的注意事项

自定义模块在往外共享属性和方法时，以 module.exports 指向的对象为准。为了让大家理解这个结论，一起来看一个示例。

案例 1：新建 com01.js 自定义模块，示例代码如下：

```
//向 module.exports 对象中挂载属性和方法
module.exports.username='Xm'
module.exports.sayHi=function(){
```

```
    console.log('Hello')
}
module.exports={
    username01:'小明',
    sayHi01(){
        console.log('你好')
    }
}
```

打开 index.js 文件，导入 com01.js 模块，示例代码如下：

```
//在 index.js 文件中导入 com01.js 模块
const c1=require('./com01')
console.log(c1)
```

大家猜一下，此时 c1 对象中的属性和方法有哪些呢？

运行 index.js 文件，执行结果如图 2-5 所示。

图 2-5　c1 打印结果

代码解析：

虽然 com01.js 模块中通过 module.exports 先挂载了 username 属性和 sayHi()方法，但最后 module.exports 又指向了一个新的对象，并为其设置了属性和方法。根据"往外共享的成员永远以 module.exports 最终指向的对象为准"这一结论，终端打印的是 username01 属性和 sayHi01()方法。

2.2.3　exports 对象

Node.js 为了简化模块共享代码，提供了 exports 对象。exports 和 module.exports 默认指向的是同一个对象，但如果 exports 和 module.exports 指向的对象不同，最终以 module.exports 指向的对象为准。接下来，通过示例代码验证一下上述结论。

首先，我们来验证使用 exports 是否可以往外共享属性和方法。

新建 com02.js 自定义模块，示例代码如下：

```
const username='Xm'
//使用 exports 往外共享属性
exports.username=username
//使用 exports 往外共享方法
exports.sayHi=function(){
    console.log('Hello:'+username)
}
```

打开 index.js 文件，导入 com02.js 模块，示例代码如下：

```
//在 index.js 文件中导入 com02.js 模块
const c2=require('./com02')
console.log(c2)
```

在终端运行 index.js 文件，运行结果如图 2-6 所示。

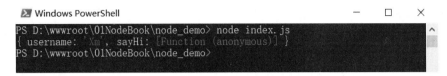

图 2-6　c2 打印结果

从图 2-6 可见，可以获取到 com02.js 模块中的 username 属性和 sayHi()方法，说明通过 exports 对象同样可以往外共享属性和方法。

接下来验证如果 exports 和 module.exports 指向的对象不同，那么最终是以 module.exports 指向的对象为准。

新建 com03.js 自定义模块，示例代码如下：

```
exports.username='Xm'
module.exports={
    username01:'小明',
    sex:'男',
    age:'20'
}
```

打开 index.js，导入 com03.js 模块，示例代码如下：

```
//在 index.js 文件中导入 com03.js 模块
const c3=require('./com03')
console.log(c3)
```

此时 c3 中包含的属性有哪些呢？在终端运行 index.js，运行结果如图 2-7 所示。

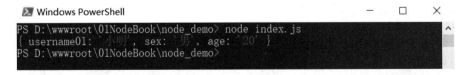

图 2-7　c3 打印结果

通过图 2-7 可见，c3 对象中包含了 username01、sex、age 这 3 个属性。

c3 对象并没有包含 username 属性，这是因为 module.exports={}相当于重新指向了新对象。这也验证了如果 exports 和 module.exports 指向的对象不同，最终将以 module.exports 指向的对象为准。

案例 2：新建 com04.js 自定义模块，示例代码如下：

```
module.exports.username='Xm'
exports={
    sex:'男',
    age:18
}
```

打开 index.js 文件，导入 com04.js 模块，示例代码如下：

```
//在 index.js 文件中导入 com04.js 模块
const c4=require('./com04')
console.log(c4)
```

com04.js 模块往外共享的属性有哪些呢？在终端运行 index.js，运行结果如图 2-8 所示。

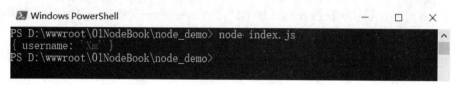

图 2-8　c4 打印结果

从图 2-8 可知，com04.js 自定义模块只共享了 username 属性。

com04.js 模块中的"exports={}"表示给 exports 重新指定了对象，在共享的过程中是以 module.exports 指向的对象为准，所以只共享了 username 属性。

案例 3：新建 com05.js 自定义模块，示例代码如下：

```
module.exports.username='Xm'
exports.sex='男'
```

打开 index.js 文件，导入 com05.js 模块，示例代码如下：

```
//在 index.js 文件中导入 com05.js 模块
const c5=require('./com05')
console.log(c5)
```

c5 对象包含了哪些属性？在终端运行 index.js，运行结果如图 2-9 所示。

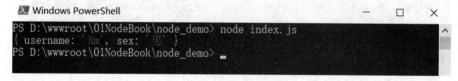

图 2-9　c5 打印结果

由图 2-9 可知，module.exports 和 exports 可以同时使用。因为默认情况下，exports 和 module.exports 指向的是同一个对象，当前模块中没有重新指向对象，所以往外共享的是同一个对象。

2.2.4　CommonJS 规范

创建自定义模块时需要遵循 CommonJS 规范。学习过前面的案例后，CommonJS 规范就非常好理解了。

具体来说，CommonJS 有以下规定：

☑　自定义模块必须使用 module.exports 或 exports 向外共享属性或者方法。

☑　导入自定义模块时使用 require()方法。

第 3 章

Node.js 第三方模块

Node.js 的核心 API 由内置模块、自定义模块和第三方模块组成。目前为止，我们已经学习了内置模块和自定义模块，本章将进入第三方模块的学习。通过本章内容的学习，读者可了解 npm 包管理工具，以及第三方模块的下载及使用方法。

3.1 什么是包

在 Node.js 中，第三方模块的专业叫法是包。第三方模块一般由个人或团队开发分享，可以免费使用。当前全球最大的包下载网站是 npm，其网址为 https://www.npmjs.com/。在 npm 官网中可以下载许多第三方模块，其网站界面如图 3-1 所示。

图 3-1 npm 官网展示

3.2 npm 简介

npm 是 Node.js 的包管理工具，使用 npm 命令可下载任意第三方模块。当系统中安装

Node.js 之后，npm 包管理工具会被自动安装。

使用 npm 下载第三方模块的语法命令如下：

```
npm install 包名称
```

其中，npm 表示包管理工具，install 表示安装，该指令表示使用 npm 包管理工具安装第三方模块。其中，install 可以简写成 i ，所以上述指令可以简写成：

```
npm i 包名称
```

使用 npm 卸载第三方模块的语法命令如下：

```
npm uninstall 包名称
```

3.2.1　nodemon 工具

本节将使用 npm 安装 nodemon 工具。为什么要安装 nodemon 工具呢？这是因为当我们在开发 Node.js 服务器端时，只要项目代码发生改变，就必须手动停止当前服务，重新启动项目。而在实际项目开发中，代码通常需要调试无数次，如果每次都需要重启服务器，其过程将会非常烦琐。

nodemon 工具的作用是监听项目文件改动，当代码发生变化时，nodemon 会自动重启项目，从而简化了开发者的调试步骤并节约了时间。

在终端运行下述指令安装 nodemon。

```
npm install nodemon -g
```

◀)) **注意**：-g 表示安装到全局目录，该参数在后续章节会详细讲解。

nodemon 工具安装成功之后，执行 JS 文件，从原先的 node 指令变成了 nodemon 指令。例如，使用 nodemon 运行 app.js 文件，运行结果如图 3-2 所示。

图 3-2　使用 nodemon 启动服务器

图 3-2 表示 nodemon 工具启动成功，再次修改文件代码，则无须重新启动服务器。

3.2.2　第三方模块 moment

本节正式进入第三方模块的学习。第 1 个第三方模块是 moment 模块，moment 模块的作用是格式化时间，可以快速获取各种时间格式，提高开发效率。

接下来分别使用原生 JS 代码和 moment 模块实现格式化时间，进行代码对比。

1. 使用原生 JS 代码实现时间格式化

创建 dateTime.js 模块，实现时间格式化需要如下 4 个步骤。

（1）定义格式化时间函数。

（2）导出格式化时间函数。

（3）在文件中导入自定义模块。

（4）调用格式化时间函数。

示例代码如下：

```
//1 定义格式化时间函数
function getDateTime(dtStr){
    const dt=new Date(dtStr)
    const y=dt.getFullYear()
    const m=dt.getMonth()+1
    const d=dt.getDate()
    const hh=dt.getHours()
    const mm=dt.getMinutes()
    const ss=dt.getSeconds()
    return `${y}-${m}-${d} ${hh}:${mm}:${ss}`
}
//2 导出格式化时间函数
module.exports={
    getDateTime
}
```

打开 index.js 文件，导入 dateTime.js 模块，示例代码如下：

```
//3 在 index.js 文件中导入 dateTime.js 模块
const Time=require('./dateTime')
//获取当前时间
const dt=new Date()
//4 调用格式化时间函数
const newTime=Time.getDateTime(dt)
console.log(newTime)
```

由上述代码可知，原生 JS 实现时间格式化需要 4 个步骤，相对来说比较烦琐。

2. 使用 moment 第三方模块实现时间格式化

使用 moment 第三方模块也可以实现时间的格式化，且步骤更加简化，只需要以下 3 步。

（1）安装 moment 模块。

（2）在文件中导入模块。

（3）调用 moment()时间格式化方法。

安装 moment 模块的语法命令如下：

```
npm i moment
```

打开 index.js 文件，导入 moment 模块并调用它。示例代码如下：

```
//2 在 index.js 文件中导入 moment 第三方模块
const moment=require('moment')
//3 调用 moment()时间格式化方法
const dt=moment().format('YYYY-MM-DD HH:mm:ss')
console.log(dt)
```

通过上述代码，也可以实现时间的格式化。和原生 JS 代码进行比较，可发现使用第三方提供的模块更有利于功能开发，并能提高开发效率。

3.2.3 第三方模块目录结构

使用 npm 安装第三方模块后，在项目根目录下会新增 node_modules 文件夹和 package-lock.json 配置文件，它们是自动生成的，无须手动创建。

1. node_modules 目录

node_modules 目录的作用是存放所有npm下载的第三方模块。

在文件中使用 require()方法导入第三方模块，其本质上是从 node_modules 文件夹中查找模块并进行导入的。例如，2.2.2 节安装的 moment 模块在 node_modules 目录中的源码展示如图 3-3 所示。

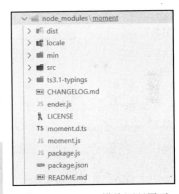

📢 **注意**：当需要把 Node.js 项目文件拷贝给别人，或者上传到 GitHub 上时，node_modules 目录需要删除，因为 node_modules 文件夹体积太大，文件太多，容易上传失败。

图 3-3 moment 模块源码展示

用户下载 Node.js 程序之后，只需要运行"npm install"命令，即可下载所有项目中用到的第三方模块。

2. package-lock.json 配置文件

使用"npm install"命令下载的依据就是 package-lock.json 配置文件。

package-lock.json 配置文件的作用是记录 node_modules 目录中每一个包的下载信息，

如版本号、包的名称等。其还可以记录项目中哪些模块仅限于开发期间使用，哪些模块是开发期间和生产期间都能使用。以下代码是 package-lock.json 配置文件的示例代码：

```
{
    "requires": true,
    "lockfileVersion": 1,
    "dependencies": {
        "moment": {
            "version": "2.29.3",
            "resolved": "https://registry.npmmirror.com/moment/-/moment -2.
29.3.tgz",
            "integrity": "sha512-c6YRvhEo//6T2Jz/vVtYzqBzwvPT95JBQ+ smCytzf
7c50oMZRsR/a4w88aD34I+/QVSfnoAnSBFPJHItlOMJVw=="
        }
    }
}
```

安装第三方模块时，package-lock.json 配置文件会新增 dependencies 节点，在 dependencies 节点中记录已安装的第三方模块。例如，3.22 节安装了 moment 模块，dependencies 节点代码如图3-4所示。

图 3-4　记录第三方模块的 dependencies 节点代码

代码解析：

dependencies 节点的作用是记录使用"npm install"命令安装的第三方模块。拿到一个没有 node_modules 目录的项目之后，只需要运行"npm install"命令，即可下载项目中所有用到的第三方模块，下载的依据就是 dependencies 节点中所记录的模块信息。

3. devDependencies 节点

在 dependencies 节点中记录的模块，无论是在开发环境中还是在生产环境中，都能够使用。如果一些模块只需要在开发期间使用，在最终上线的生产环境中用不到，则这一类模块建议安装到 devDependencies 节点中。

把模块安装到 devDependencies 节点中的语法命令如下：

```
npm install 包名 --save-dev
```

可简写成：

```
npm i 包名 -D
```

如何判断一个第三方模块该安装到哪个环境中呢？无须纠结这个问题，因为在官网（www. npmjs.com）中会指明模块的安装环境。

例如，www.npmjs.com 提供的 webpack 模块安装命令如下：

```
npm install --save-dev webpack
```

在终端运行上述命令，打开配置文件，会发现新增了 devDependencies 节点，示例代码如图 3-5 所示。

```
6    "dependencies": {
7        "moment": "^2.29.3"
8    },
9    "devDependencies": {
10       "webpack": "^5.72.1"
11   },
```

图 3-5　新增 devDependencies 节点

3.2.4　包的分类

npm 下载的模块可以分为两大类：项目包和全局包。

项目包就是安装在 node_modules 目录下的包，分为两类：dependencies 节点中的包和 devDependencies 节点中的包。这两类安装包的作用在上一节已经详细讲解。

本节重点讲解什么是全局包。执行"npm install"命令时，如果后面使用了-g 参数，则表示把当前模块安装到全局目录下。全局包的作用是可以在任何项目中使用全局安装的模块，功能模块只需要安装一次即可。一般情况下，工具性质的模块需要安装到全局目录下。

3.3　切换模块下载服务器

使用 npm 下载第三方模块时，默认下载速度是非常慢的。这是因为使用 npm 下载模块，默认是从国外服务器（https://registry.npmjs.org）进行下载，不仅下载速度慢，而且存在数据丢失的可能。所以使用 npm 下载模块首先需要更改模块的下载服务器，最常见的第三方模块下载服务器是淘宝镜像服务器。

什么是淘宝镜像服务器？

淘宝在国内搭建了一个服务器，把国外服务器上所有的资源同步到国内服务器，再使用国内服务器下载资源，可以提高模块的下载速度。

📢 **注意**：镜像是一种文件存储形式，一个磁盘中的数据在另一个磁盘中完全相同，才可以称为镜像。

3.3.1　切换至淘宝镜像服务器

切换模块下载服务器之前，首先检查一下当前模块的下载地址，查看命令如下：

```
npm config get registry
```

如果下载地址是默认的国外服务器，则切换成淘宝镜像服务器。运行下述指令，切换淘宝镜像服务器：

```
npm config set registry=https://registry.npm.taobao.org/
```

切换命令执行完成，重新运行"npm config get registry"命令，当看到图 3-6 所示画面时，表示淘宝镜像服务器切换成功。

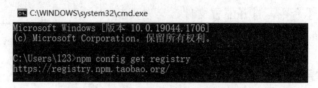

图 3-6　淘宝镜像服务器下载地址

3.3.2　nrm 工具的使用

nrm 工具的作用是方便切换服务器下载地址，上一节设置淘宝镜像服务器，服务器的地址需要手动输入，存在输入失误的可能性，而 nrm 工具无须手动输入服务器下载地址。

安装 nrm 工具，语法命令如下：

```
npm i nrm -g
```

注意：安装命令后面使用的是-g 参数，表示 nrm 工具安装在全局目录。

nrm 安装成功之后，在终端运行"nrm ls"命令，可以查看所有可供选择的服务器。运行结果如图 3-7 所示。

图 3-7 左侧是服务器的名称，右侧是服务器的下载地址，星号（*）表示当前使用的服务器。星号（*）默认是在第一行的 npm 服务器，那么如何切换到 taobao 服务器呢？运行下述命令，进行模块服务器的切换。

```
nrm use taobao
```

命令执行完成之后，重新运行"nrm ls"命令查看当前服务器，切换之后的服务器如图 3-8 所示。

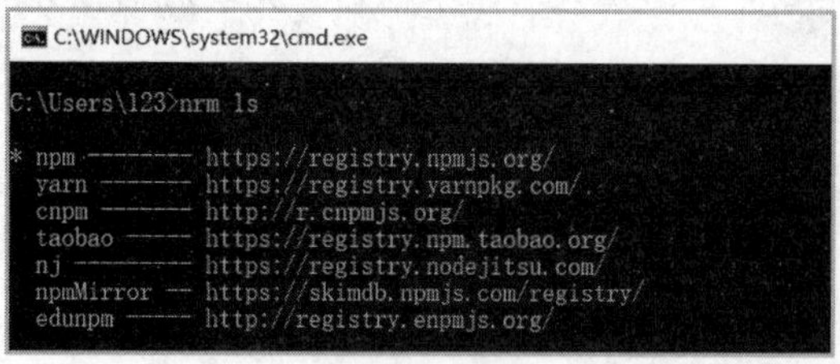

图 3-7　可选服务器列表 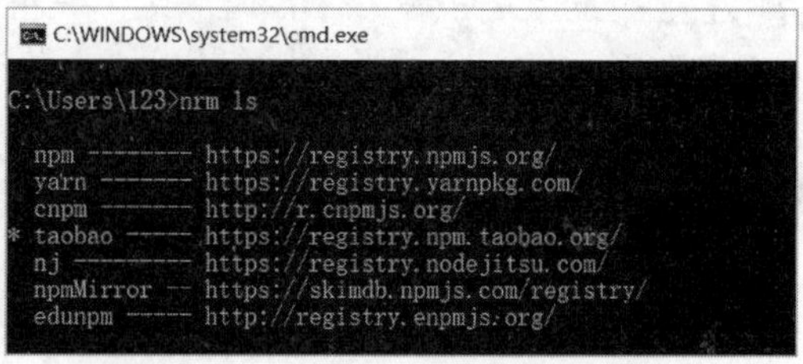　　　　图 3-8　切换到淘宝镜像服务器

通过图 3-8 可知,此时左侧的星号选中的是 taobao 服务器,表示切换成功。

3.4 发布自定义模块包

npm 官网中所有的第三方模块都是由公司或者个人开发发布的。本节讲解如何在 npm 官网发布包,供别人下载使用。

3.4.1 包的结构规范

开发功能模块首先需要了解包的结构规范,一个正规的模块一般需要符合以下要求。

(1)每一个功能模块都是一个单独的目录文件。

(2)在包的顶级目录中包含 package.json 配置文件,并且必须包含 name、version、main 这三个属性,表示包的名称、版本号、入口。下面重点讲解 main 入口属性。

当使用 require()方法导入第三方模块时,运行机制是先找到模块中的 package.json 配置文件,然后找到 main 属性,执行 main 属性中的文件。

我们以前使用过 moment 第三方模块,在 node_modules 中找到 moment 文件夹,在 moment 文件夹中肯定会有 package.json 配置文件,如图 3-9 所示。

打开 package.json 文件,找到 main 属性,可以发现格式化时间模块最终执行的入口文件是 "./moment.js",如图 3-10 所示。

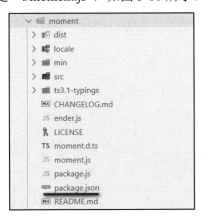

图 3-9 自定义模块中的 package.json 配置文件

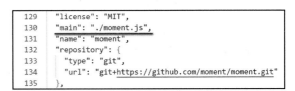

图 3-10 格式化时间模块中的入口文件

3.4.2 定义格式化日期模块

了解了包的结构和规范之后,本节讲解发布格式化日期的模块,传入当前时间,并返回一个标准的时间格式。

1. 初始化包结构

新建 date-tools 文件夹作为包的根目录。在 date-tools 文件夹中新建 package.json 配置文件、index.js 入口文件以及 README.MD 模块的说明文档，如图 3-11 所示。

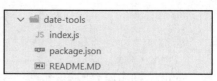

图 3-11　自定义模块目录结构

2. 初始化 package.json 配置文件

打开 package.json 配置文件，初始化代码如下：

```json
{
    "name":"date-tools",
    "version": "1.0.0",
    "main": "index.js",
    "description": "格式化时间",
    "keywords": [
        "date",
        "dateFormat"
    ],
    "license": "ISC"
}
```

代码解析：

（1）name 属性为包的名称，具有唯一性，不能和线上的包重名。

（2）version 属性是包的版本号，默认从 1.0.0 版本开始。

（3）main 属性是包的入口文件，当前指定的入口文件是 index.js 文件。

（4）description 属性是包的描述信息。

（5）keywords 属性是搜索的关键字设置。

（6）license 属性是当前包遵循的开源协议，默认是 ISC 协议。

3. 定义格式化时间方法

在 package.json 配置文件中指定的入口文件是 index.js。因此，在 index.js 文件中定义格式化时间的方法即可。实现思路如下：

（1）定义格式化时间方法。

（2）创建补零方法。

（3）使用 module.exports 导出方法。

示例代码如下：

```javascript
//定义格式化时间方法
function dateFormat(dtStr){
    const dt=new Date(dtStr)
```

```
    const y=dt.getFullYear()
    const m=fn(dt.getMonth()+1)
    const d=fn(dt.getDate())
    const hh=fn(dt.getHours())
    const mm=fn(dt.getMinutes())
    const ss=fn(dt.getSeconds())
    return `${y}-${m}-${d} ${hh}:${mm}:${ss}`
}
//创建补零方法
function fn(n){
    return n>9?n:'0'+n
}
//导出方法
module.exports={
    dateFormat
}
```

格式化时间方法定义完成之后，返回根目录，新建 date01.js 文件，测试 dateFormat() 方法是否可用。示例代码如下：

```
//导入自定义模块
const getDate=require('./date-tools/index')
//调用 dateFormat()方法，并传入当前时间
const dt=getDate.dateFormat(new Date())
console.log(dt)
```

在终端运行 date01.js 文件，运行结果如图 3-12 所示。

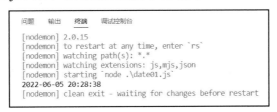

图 3-12　自定义模块测试结果

通过图 3-12 可知，封装的自定义模块的 dataFormat() 格式化时间方法可以正常使用。

4. 编写包的说明文档

功能模块测试完成之后，需要编写包的说明文档，以使用户了解包的功能。说明文档是根目录中的 README.MD 文件，以 markdown 的格式编写。

一般情况下，只需要说明模块的安装方式、导入方式、作用以及开源协议即可。示例代码如下：

```
##安装
```
npm i date-tools
```
```

```
##导入
```js
const datetools=require('date-tools')
```

##示例
```js
const dt=new Date()
const newdt=datetools.dateFormat(dt)
console.log(newdt)
```

##开元协议
```

ISC
```
```

3.4.3 发布包

功能模块开发完成之后，最后一步是发布到 npm 官网中供别人使用，发布流程如下。

1. 注册账号

第一步是注册 npm 账号。访问 https://www.npmjs.com/，单击"sign up"按钮，进入注册页面，如图 3-13 所示。

2. 登录账号

账号注册成功后，接下来需要登录 npm 账号。需要注意的是，并不是在官网中登录账号，而是在终端登录账号。

在终端执行"npm login"命令，依次输入用户名、密码、邮箱进行登录，如图 3-14 所示。

图 3-13　npm 账号注册

图 3-14　登录 npm 账号

注意：在登录账号之前，需要把 npm 的下载服务器切换成 npm 官方服务器的下载地址，不要再使用淘宝镜像。

第一次登录账号时，需要在邮箱中接收验证码。

3. 发布包

npm 账号登录成功之后，可以发布包。发布包的过程非常简单，首先在终端进入包的根目录，运行下述指令发布包：

```
npm publish
```

发布结果如图 3-15 所示。

```
Windows PowerShell
PS D:\wwwroot\01NodeBook\node_demo\date-tools-yl> npm login
Username: yuanlong0532
Password:
Email: (this IS public) 3394097514@qq.com
npm notice Please check your email for a one-time password (OTP)
Enter one-time password from your authenticator app: 07603815
Logged in as yuanlong0532 on https://registry.npmjs.org/.
PS D:\wwwroot\01NodeBook\node_demo\date-tools-yl> npm publish
npm notice
npm notice package: date-tools-yl@1.0.0
npm notice
npm notice 91B  index.js
npm notice 214B package.json
npm notice 229B README.MD
npm notice
npm notice name:          date-tools-yl
npm notice version:       1.0.0
npm notice package size:  491 B
npm notice unpacked size: 534 B
npm notice shasum:        aa8b6484fe4789201485bdf6f505547ffac1f3e7
npm notice integrity:     sha512-2OuMLHDloGbnh[...]4+j8ndcf3/YOw==
npm notice total files:   3
npm notice
+ date-tools-yl@1.0.0
PS D:\wwwroot\01NodeBook\node_demo\date-tools-yl> _
```

图 3-15　发布自定义模块

4. 查看包

自定义模块发布完成后，返回 npm 官网，登录个人账号，在个人中心通过 Packages 命令查看已发布的包。

在 Packages 中可以找到刚才发布的包，单击可以打开包的使用说明文档，如图 3-16 所示。

查看结果如图 3-17 所示。

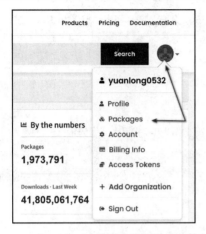

图 3-16　在 Packages 菜单中查看已发布的包

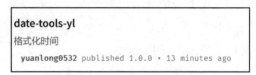

图 3-17　自定义模块列表

3.4.4　删除自定义模块包

发布到 npm 官方服务器中的包是可以删除的。运行下述命令，删除模块：

```
npm unpublish 包名 --force
```

例如，要删除前面创建的 date-tools-yl 包，可以在终端运行"npm unpublish"命令，运行结果如图 3-18 所示。

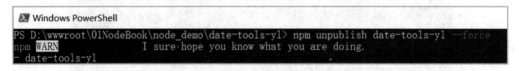

图 3-18　删除包

注意：（1）"npm unpublish"命令只能删除 72 小时内发布的包，超过 72 小时的包将无法删除。

（2）通过"npm unpublish"命令删除的包在 24 小时之内不能再次发布。

第4章

Express 框架

本章开始讲解 Express 框架，通过学习本章的内容，读者可以掌握使用 Express 框架托管静态资源、Express 框架常用的中间件、使用 Express 框架创建接口和创建 Web 服务器等知识点。

4.1　什么是 Express

官方文档介绍 Express：Express 是一个基于 Node.js 平台，快速、开放、极简的 Web 开发框架。

通俗地讲，Express 类似于 Node.js 中的 http 内置模块，其作用是创建 Web 服务器。相对于 http 模块，Express 框架的功能更多，使用更加方便，开发效率更高。

Express 框架本质上是 npm 中的一个包，是基于 http 模块封装出来的。

4.1.1　Express 框架的基本使用

1. 安装 Express 框架

在终端运行下述命令，安装 Express 框架：

```
npm install express
```

使用 Express 框架创建 Web 服务器分为以下 3 步操作：

（1）在文件中导入 Express 框架。

（2）调用 express()方法创建 Web 服务器。

（3）监听端口号，启动服务器。

新建 express01.js 文件，创建 Web 服务器。示例代码如下：

```
//1.导入 Express 框架
const express=require('express')
//2.创建 Web 服务器实例
const app=express()
//3.监听端口号
```

```
app.listen(8080,()=>{
    console.log('服务器启动成功，请访问 http://127.0.0.1:8080')
})
```

2. 监听客户端 GET 请求

服务器创建成功之后，通过 app.get()方法可监听客户端的 GET 请求。语法命令如下：

```
app.get('请求地址',(req,res)=>{
    //处理函数
})
```

语法解析：

app.get()方法传入两个参数，第 1 个参数为客户端请求的 URL 地址，第 2 个参数为对应的事件处理函数。该处理函数包含 req 和 res 两个形参，req 表示请求对象，res 表示响应对象。

下面来看一个 GET 请求案例。

当客户端访问/user 时，服务器响应用户信息对象。完整示例代码如下：

```
//1.导入 Express 框架
const express=require('express')
//2.创建 Web 服务器实例
const app=express()
//4.监听客户端的 GET 请求
app.get('/user',(req,res)=>{
    res.send({name:'xm',age:18})
})
//3.监听端口号
app.listen(8080,()=>{
    console.log('服务器启动成功，请访问 http://127.0.0.1:8080')
})
```

代码解析：

在监听客户端 GET 请求的事件处理函数中，res 形参包含了和响应相关的内容，通过 res.send()方法把数据响应给客户端。

通过 Postman 工具测试客户端 GET 请求，测试结果如图 4-1 所示。

3. 监听客户端 POST 请求

通过 app.post()方法可监听客户端的 POST 请求。语法命令如下：

```
app.post('请求地址',(req,res)=>{
    //处理函数
})
```

语法解析：

和 app.get()方法类似，app.post()方法同样需要传入两个参数，第 1 个参数是客户端请求的 URL 地址，第 2 个参数是请求对应的处理函数。同样，该处理函数中包含 req 和 res 两个形参，req 表示请求对象，res 表示响应对象。

图 4-1　GET 请求响应结果

下面来看一个 POST 请求案例。

当客户端请求/hello 时，服务器端给出响应 Hello World。示例代码如下：

```
//1.导入 Express 框架
const express=require('express')
//2.创建 Web 服务器实例
const app=express()
//4.监听客户端的 POST 请求
app.post('/hello',(req,res)=>{
    res.send('Hello World')
})
//3.监听端口号
app.listen(8080,()=>{
    console.log('服务器启动成功，请访问 http://127.0.0.1:8080')
})
```

通过 Postman 工具测试客户端 POST 请求，测试结果如图 4-2 所示。

图 4-2　POST 请求响应结果

4.1.2 获取 URL 参数

1. 获取 URL 请求参数

客户端发送请求时，经常会有携带参数的情况，如 http://127.0.0.1/?id=100。那么该如何获取用户所传递的参数呢？

可以通过 req.query 对象来获取请求参数，示例代码如下：

```
//监听客户端 GET 请求
app.get('/',(req,res)=>{
    console.log(req.query)
    res.send(req.query)
})
```

通过 Postman 工具测试客户端发送携带参数的 URL 地址，测试结果如图 4-3 所示。

图 4-3　获取 URL 请求参数

通过图 4-3 可知，req.query 对象可以获取请求地址中携带的参数。

📢 **注意**：如果客户端请求的地址中并没有携带参数，那么说明 req.query 获取的是一个空对象。

2. 获取 URL 动态参数

客户端在发送请求时，还可以发送动态参数，如 http://127.0.0.1/index/100。动态参数无须使用 "？" 进行拼接，那么又该如何获取呢？

可以通过 req.params 对象来获取动态参数，示例代码如下：

```
//监听客户端 GET 请求,获取动态参数
app.get('/index/:id',(req,res)=>{
```

```
console.log(req.params)
res.send(req.params)
})
```

通过 Postman 工具测试客户端发送携带动态参数的 URL 地址，测试结果如图 4-4 所示。

图 4-4　获取 URL 动态参数

📢 **注意**：（1）在 URL 地址中，":id" 表示动态参数。客户端可以填写任意值，只要填写了就可以通过 req.params 对象获取到。

（2）":id" 并不是固定写法，可以随意命名，如 ":name"。

（3）动态参数没有个数限制，可以任意匹配，如/index/:id/:name/:age。

（4）如果客户端请求的地址中未携带参数，那么 req.params 对象获取的将是一个空对象。

4.2　使用 express.static()托管静态资源

本节讲解使用 express.static()方法托管静态资源，通过 express.static()方法可以快速实现静态资源托管。

1. 托管单个静态资源目录

托管单个静态资源目录的语法命令如下：

```
app.use(express.static('静态资源目录'))
```

语法解析：

调用 app.use()方法，然后在 app.use()方法中调用 express.static()方法。

在 express.static()方法中设置可以被访问的静态资源目录，如托管 public 目录下所有静态资源。示例代码如下：

```
app.use(express.static('public'))
```

🔊 **注意**：app.use()方法的作用是注册全局中间件（中间件的概念在后续章节中会详细讲解）。

客户端进行静态资源访问时，public 目录不需要出现在 URL 地址中。例如，当 public 目录中有 about.jpg 图片时，客户端可以直接访问 http://127.0.0.1/about.jpg，而无须访问 http://127.0.0.1/public/about.jpg。

示例代码如下：

```
//导入 Express 框架
const express=require('express')
//创建 Web 服务器实例
const app=express()
//托管 public 目录静态资源
app.use(express.static('public'))
//监听端口号
app.listen(8080,()=>{
    console.log('服务器启动成功，请访问 http://127.0.0.1:8080')
})
```

此时通过客户端访问静态资源 http://127.0.0.1:8080/about.jpg，public 目录可以省略不写。

如果用户就想在 URL 地址上加上 public 这层路径，需要怎样实现呢？只需将托管静态资源目录代码修改如下：

```
//托管 public 目录静态资源
app.use('/public',express.static('public'))
```

代码解析：

app.use()方法需要传入两个参数，第 1 个参数填写路径名称，此时客户端访问静态资源必须加上 public 这层目录，如 http://127.0.0.1/public/about.jpg。

第 1 个参数 public 并不是 express.static('public')中的 public，两者没有任何联系。第 1 个参数是随意命名的，如 app.use('/test',express.static('public'))，此时客户端访问的静态资源必须是 http://127.0.0.1/test/about.jpg。

2. 托管多个静态资源目录

托管多个静态资源目录，只需要多次调用 express.static()方法即可。示例代码如下：

```
//导入 Express 框架
const express=require('express')
//创建 Web 服务器实例
const app=express()
//托管 public 目录静态资源
app.use('/public',express.static('public'))
```

```
//托管 views 静态资源目录
app.use(express.static('views'))
//监听端口号
app.listen(8080,()=>{
    console.log('服务器启动成功,请访问 http://127.0.0.1:8080')
})
```

多次调用 express.static()方法时,会根据先后顺序查找文件。如果在前面的静态资源目录中找到文件,则查找结束;如果没找到,就继续在后面的静态资源目录中查找。

4.3　Express 路由

Express 中的路由就是指客户端请求地址与服务器处理函数之间的对应关系。

4.3.1　路由的基本使用

Express 中路由通常由 3 部分组成,分别是请求类型、请求 URL 地址以及处理函数。路由示例代码如下:

```
//导入 Express 框架
const express=require('express')
//创建 Web 服务器实例
const app=express()
//路由
app.get('/',(req,res)=>{
    res.send('GET 请求')
})
app.post('/',(req,res)=>{
    res.send('POST 请求')
})
//监听端口号
app.listen(8080,()=>{
    console.log('服务器启动成功,请访问 http://127.0.0.1:8080')
})
```

代码解析:

(1)app.get()用于匹配客户端的 GET 请求,当客户端请求"/根路径地址"时调用后面的处理函数。

(2)app.post()用于匹配客户端的 POST 请求,当客户端请求"/根路径地址"时调用后面的处理函数。

4.3.2　模块化路由

app.get()或者 app.post()是路由的基本使用方法。随着项目业务量增大，如果直接把路由挂载到 app 实例上，不利于后期维护。

为了方便对路由进行管理，可以把路由抽离成一个单独的模块，需要如下 5 个步骤：

（1）创建路由 JS 文件。

（2）调用 express.Router()方法，创建路由对象。

（3）将具体请求方式挂载到路由对象。

（4）使用 module.exports 向外共享路由对象。

（5）将路由模块注册到 app 实例对象。

在项目根目录下新建 router.js 路由模块，示例代码如下：

```javascript
//导入 Express 框架
const express=require('express')
//创建路由实例对象
const router=express.Router()
//将具体请求方式挂载到路由对象
router.get('/',(req,res)=>{
    res.send('GET 请求')
})
router.post('/',(req,res)=>{
    res.send('POST 请求')
})
//共享路由对象
module.exports=router
```

代码解析：

（1）路由依赖于 Express 框架，所以在路由模块中导入 Express 框架。

（2）使用 express.Router()方法创建路由对象之后，客户端的 GET 请求或者 POST 请求将直接挂载到路由对象中，而不需要再挂载到 app 实例中。

1. 使用路由模块

路由模块创建完成后，注册到 app 实例中即可使用。实现步骤通常为两步：首先在文件中导入创建的路由模块，然后调用 app.use()方法注册路由模块。示例代码如下：

```javascript
//导入 Express 框架
const express=require('express')
//创建 Web 服务器实例
const app=express()
//1.导入路由模块
const router=require('./router')
//2.注册路由模块
```

```
app.use(router)
//监听端口号
app.listen(8080,()=>{
    console.log('服务器启动成功，请访问 http://127.0.0.1:8080')
})
```

通过 Postman 工具测试客户端发送的 GET 请求或 POST 请求，测试结果如图 4-5 所示。

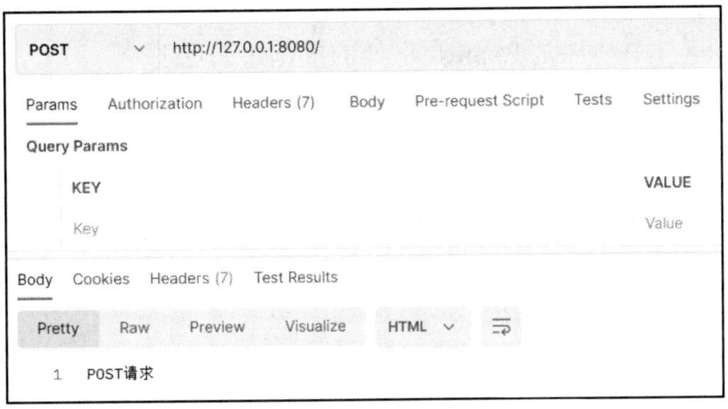

图 4-5　测试路由地址

通过测试发现，只要客户端请求相应的路由地址，服务器端就会做出响应，表示路由模块抽离成功。

2. 添加请求前缀

为路由模块添加请求前缀与为静态资源添加请求前缀类似。示例代码如下：

```
//1.导入路由模块
const router=require('./router')
//2.注册路由模块
app.use('/api',router)
```

此时，客户端 URL 地址必须加上/api 前缀，才可以发送请求。

通过 Postman 工具测试添加前缀之后的路由模块，测试结果如图 4-6 所示。

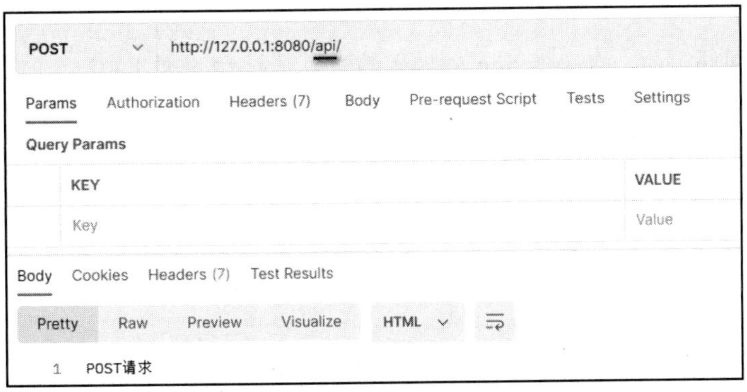

图 4-6　为 URL 地址添加请求前缀

47

4.4　Express 中间件

本节进入 Express 中间件讲解，通过学习本节内容，读者可以掌握什么是中间件、如何使用中间件等知识点，中间件是 Express 框架的重点知识点之一。

4.4.1　什么是中间件

中间件指的是业务流程的中间处理环节。当一个请求到达 Express 服务器之后，可以调用多个中间件对请求进行预处理。通过图 4-7 可以更加形象地理解中间件。

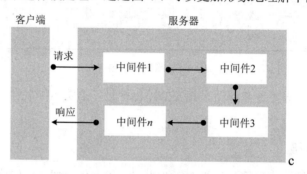

图 4-7　通过中间件对请求进行预处理

客户端发送请求之后，在 Express 服务器中中间件 1 会首先进行处理，中间件 1 处理完毕之后，把结果交给中间件 2 继续进行处理；中间件 2 处理完毕之后再把处理结果交给下一个中间件；当所有的中间件都处理完毕之后，把最终结果交给路由响应给客户端。

4.4.2　定义 Express 中间件

Express 中间件本质上是 function 处理函数。其语法命令如下：

```
app.get('/',(req,res,next)=>{
    next()
})
```

语法解析：

（1）app.get()表示客户端请求方式为 GET 请求，"/" 表示请求的 URL 地址，function 处理函数就是中间件。

（2）和普通的路由处理函数相比，中间件处理函数有 3 个形参，除了 req、res 之外，新增了 next 形参，并且在事件中调用了 next()，这说明 next 形参就是一个函数。

1. next()函数的作用

区分一个处理函数是路由处理函数还是中间件处理函数，只要判断其是否有 next 形参即可。

next()函数相当于一个开关，多个中间件是否可以连续调用，主要看 next()函数是否放行。只要调用了 next()函数，就表示把处理结果交给了下一个中间件或者路由。

接下来定义一个简单的中间件处理函数，示例代码如下：

```
//导入 Express 框架
const express=require('express')
//创建 Web 服务器实例
const app=express()
//定义中间件处理函数
const f1=(req,res,next)=>{
    console.log('第一个中间件处理函数')
    next()
}
//监听端口号
app.listen(8080,()=>{
    console.log('服务器启动成功，请访问 http://127.0.0.1:8080')
})
```

上述代码定义 f1 中间件处理函数，此时只是定义，没有进行调用。

2. 全局中间件

客户端发送请求到达服务器之后，会触发的中间件叫作全局中间件。

如何定义全局中间件呢？语法命令如下：

```
app.use(中间件处理函数)
```

通过 app.use（中间件处理函数）即可定义全局中间件，示例代码如下：

```
//导入 Express 框架
const express=require('express')
//创建 Web 服务器实例
const app=express()
//1.定义中间件处理函数
const f1=(req,res,next)=>{
    console.log('第一个中间件处理函数')
    next()
}
//2.注册全局中间件
app.use(f1)
//监听客户端 GET 请求
app.get('/',(req,res)=>{
    res.send('Hello')
})
//监听端口号
```

```
app.listen(8080,()=>{
    console.log('服务器启动成功，请访问 http://127.0.0.1:8080')
})
```

代码解析：

通过 app.use()方法把 f1 定义为全局中间件。当客户端发送请求到达服务器之后，首先会调用 f1 中间件处理函数，处理完毕之后再调用 next()函数，把处理结果交给路由，也就是 app.get()。

客户端请求到达服务器之后，终端响应结果如图 4-8 所示。

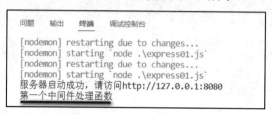

图 4-8　执行 f1 全局中间件

📢 **注意**：当客户端请求到达服务器之后，执行流程是先执行 f1 中间件，再执行 app.get() 路由进行响应。

4.4.3　中间件的作用

多个中间件之间 req 和 res 是共享的。因此，在上游中间件中定义的属性和方法，在下游的中间件中也是可以使用的。

例如，在上游中间件的 req 属性上挂载一个对象，验证挂载的对象是否可以共享，示例代码如下：

```
//导入 Express 框架
const express=require('express')
//创建 Web 服务器实例
const app=express()
//1.定义中间件处理函数
const f1=(req,res,next)=>{
    const userInfo={username:'admin',password:'123456'}
    //向 req 属性挂载 userInfo 对象
    req.userInfo=userInfo
    next()
}
//2.注册全局中间件
app.use(f1)
//监听客户端 GET 请求
app.get('/',(req,res)=>{
    //将中间件挂载的 userInfo 属性响应给客户端
    res.send(req.userInfo)
```

```
})
//监听端口号
app.listen(8080,()=>{
    console.log('服务器启动成功，请访问http://127.0.0.1:8080')
})
```

通过 Postman 工具测试客户端 GET 请求，响应结果如图 4-9 所示。

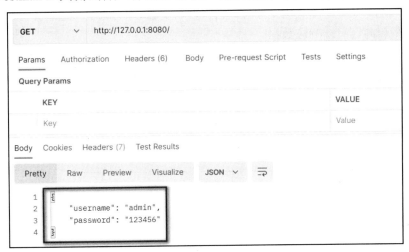

图 4-9　响应 req.userInfo

图 4-9 中的路由处理函数中的 req.userInfo 就是 f1 中间件定义的属性，由此可见中间件之间 req 和 res 是共享的。

注意：默认情况下，路由处理函数中是没有 req.userInfo 属性的。

4.4.4　定义多个全局中间件

使用 app.use()定义多个全局中间件时，客户端发送请求到达服务器之后，会按照中间件的先后顺序依次调用。示例代码如下：

```
//定义多个全局中间件
app.use((req,res,next)=>{
    console.log('第一个全局中间件')
    next()
})
app.use((req,res,next)=>{
    console.log('第二个全局中间件')
    next()
})
app.use((req,res,next)=>{
    console.log('第三个全局中间件')
    next()
```

```
})
//监听客户端 GET 请求
app.get('/',(req,res)=>{
    res.send('OK')
})
```

代码解析：

上述代码中定义了 3 个全局中间件，当客户端发送 GET 请求到达服务器时，会依次执行中间件，最后向客户端响应数据。

运行上述代码，客户端发送 GET 请求之后，终端打印结果如图 4-10 所示。

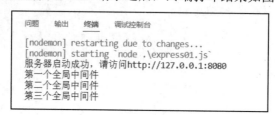

图 4-10 全局中间件执行顺序

4.4.5 局部中间件

什么是局部中间件？不使用 app.use()定义的中间件就是局部中间件。

为了了解什么是局部中间件，先来看一段示例代码：

```
//定义中间件
const f1=(req,res,next)=>{
    console.log('f1 中间件')
    next()
}
//监听客户端 GET 请求
//f1 中间件只在当前 GET 请求中生效
app.get('/',f1,(req,res)=>{
    res.send('GET OK')
})
app.post('/',(req,res)=>{
    res.send('POST OK')
})
```

代码解析：

（1）在 GET 请求中，请求的 URL 地址和处理函数之间插入 f1 中间件，表示当前路由先执行 f1 中间件，再执行时间处理函数。

（2）在 POST 请求中并没有调用中间件，所以 f1 中间件不会被执行。

📢 **注意**：路由中间件和事件处理函数的执行顺序是先执行中间件代码，把结果交给后面的处理函数。

1. 定义多个局部中间件

在一个路由匹配中，局部中间件也可以多次调用。多次调用局部中间件的方式有两种，示例代码如下：

```
//定义中间件
const f1=(req,res,next)=>{
    console.log('f1中间件')
    next()
}
const f2=(req,res,next)=>{
    console.log('f2中间件')
    next()
}
//调用多个局部中间件
//方法一
app.get('/',f1,f2,(req,res)=>{
    res.send('GET OK')
})
//方法二
app.post('/',[f1,f2],(req,res)=>{
    res.send('POST OK')
})
```

代码解析：

请求 URL 地址后，多次调用局部中间件即可。中间件的执行顺序是从前往后依次执行。运行上述代码，客户端发送 GET 请求或 POST 请求时，终端打印结果如图 4-11 所示。

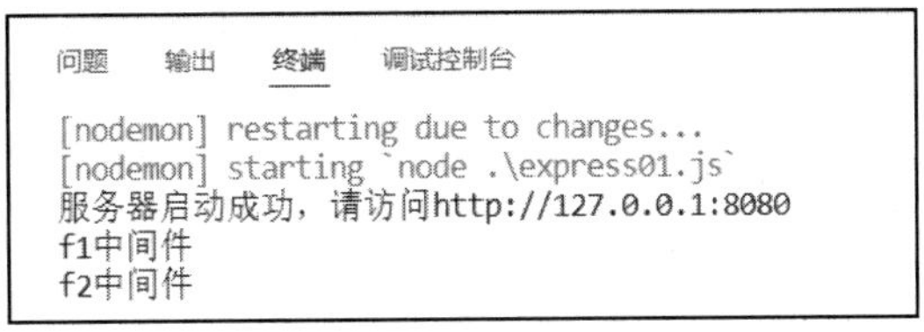

```
问题    输出    终端    调试控制台

[nodemon] restarting due to changes...
[nodemon] starting `node .\express01.js`
服务器启动成功，请访问http://127.0.0.1:8080
f1中间件
f2中间件
```

图 4-11　执行局部中间件

2. 中间件注意事项

在 Express 框架中使用中间件，需要特别注意以下两点。

（1）在路由之前定义中间件时，正确的顺序是先定义中间件，再定义路由。例如：

```
//先定义中间件
app.use((req,res,next)=>{
    //...
})
//再定义路由
app.get('/',(req,res)=>{
    res.send('GET OK')
})
```

（2）定义中间件处理函数时，不要忘记在函数中调用 next()。

4.4.6　中间件分类

Express 常用的中间件分为 5 类，分别是应用类型中间件、路由类型中间件、错误类型中间件、Express 内置中间件和第三方中间件。

1. 应用类型中间件

通过 app.use()、app.get()和 app.post()绑定到 app 实例上的中间件就是应用类型中间件。示例代码如下：

```
//定义应用类型中间件
app.use((req,res,next)=>{
    //...
    next()
})
```

2. 路由类型中间件

绑定到 express.Router()实例上的中间件是路由类型的中间件。打开 router.js 路由模块，路由类型中间件示例的代码如下：

```
//导入 Express 框架
const express=require('express')
//创建路由实例对象
const router=express.Router()
//定义路由类型中间件
router.use((req,res,next)=>{
    console.log('路由类型中间件')
    next()
})
router.get('/',(req,res)=>{
    res.send('OK')
})
//共享路由对象
module.exports=router
```

```
问题    输出    终端    调试控制台

[nodemon] restarting due to changes...
[nodemon] restarting due to changes...
[nodemon] starting `node .\express01.js`
服务器启动成功，请访问http://127.0.0.1:8080
路由类型中间件
```

图 4-12　执行路由类型中间件

客户端发送 GET 请求，终端打印结果如图 4-12 所示。

3. 错误类型中间件

错误类型中间件的作用是捕获项目中的异常错误，防止项目崩溃。错误类型中间件的 function 处理函数有 4 个形参，分别是 err、req、res 和 next，与普通的中间件处理函数相比，新增了 err 形参。

接下来测试错误类型中间件，示例代码如下：

```
//导入 Express 框架
const express=require('express')
//创建 Web 服务器实例
const app=express()
//GET 请求
app.get('/',(req,res)=>{
    //抛出错误
    throw new Error('服务器内部错误')
    res.send('OK')
})
//监听端口号
app.listen(8080,()=>{
    console.log('服务器启动成功，请访问 http://127.0.0.1:8080')
})
```

代码解析：

客户端发送 GET 请求会触发事件处理函数，在处理函数中使用"throw new Error"刻意抛出错误。此时 res.send() 并不会执行，程序处于崩溃状态。

通过 Postman 工具测试客户端 GET 请求，测试结果如图 4-13 所示。

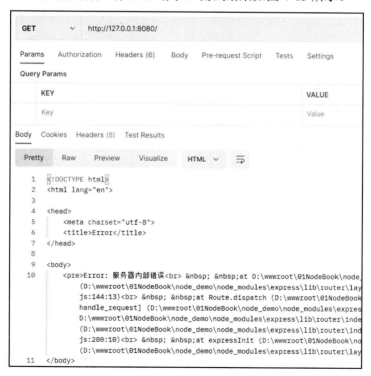

图 4-13　服务器内部错误导致程序崩溃

由图 4-13 可知，只要服务器端出现错误，就会导致程序崩溃。使用错误类型中间件可以捕获错误，示例代码如下：

```
app.get('/',(req,res)=>{
    //抛出错误
    throw new Error('服务器内部错误')
    res.send('OK')
})
//定义错误类型中间件
app.use((err,req,res,next)=>{
    res.send('Error'+err.message)
})
```

代码解析：

使用 app.use()定义全局类型中间件，因为处理函数中包含了 err 形参，说明是错误类型中间件，所以只要项目中有异常错误，当前中间件就可以捕获到错误。

📢 **注意**：正常情况下，中间件需要定义在路由之前，但错误类型中间件必须定义在所有的路由之后。

通过 Postman 工具再次测试客户端 GET 请求，终端测试结果如图 4-14 所示。

图 4-14　捕获错误

由图 4-14 可知，错误类型中间件可以捕获到错误信息，以防止程序崩溃。

4. Express 内置中间件

顾名思义，内置中间件就是由 Express 官方提供的中间件。经常使用的内部中间件包括 express.static、express.json 和 express.urlencoded。

- ☑ express.static 的作用是托管静态资源。
- ☑ express.json 的作用是解析 JSON 格式的请求数据。
- ☑ express.urlencoded 的作用是解析 urlencoded 格式的请求数据。

通过 Postman 工具在客户端发送 JSON 格式请求数据，发送方法如图 4-15 所示。

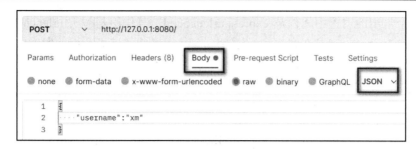

图 4-15　客户端发送 JSON 格式请求数据

客户端向服务器端发送数据后，服务器端该如何接收客户端发送过来的 JSON 数据呢？在服务器处理函数中使用 req.body 接收客户端发送过来的数据，示例代码如下：

```
//POST 请求
app.post('/',(req,res)=>{
    console.log(req.body)
    res.send(req.body)
})
```

当前并没有配置解析 JSON 数据的中间件，此时 req.body 的值是 undefind。正确写法是先配置解析表单事件的中间件，示例代码如下：

```
//配置解析 json 数据的内置中间件
app.use(express.json())
//POST 请求
app.post('/',(req,res)=>{
    console.log(req.body)
    res.send(req.body)
})
```

通过 Postman 工具测试上述代码，req.body 的值如图 4-16 所示。

图 4-16　解析 json 数据

最后一个常用的内置中间件是 express.urlencoded，其作用是解析 urlencoded 格式的请求数据。通过 Postman 工具在客户端发送 urlencoded 格式的请求数据，发送方法如图 4-17所示。

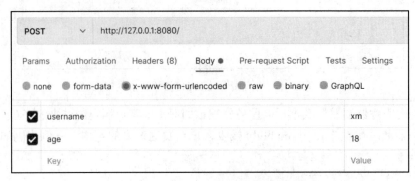

图 4-17　发送 urlencoded 格式请求数据

客户端向服务器端发送请求数据后，服务器端使用 req.body 接收客户端发送的数据。示例代码如下：

```
//POST 请求
app.post('/',(req,res)=>{
    console.log(req.body)
    res.send(req.body)
})
```

此时 req.body 打印的结果是空对象，这是因为还需要设置解析 urlencoded 格式数据的中间件。最终代码如下：

```
//解析 urlencoded 格式数据
app.use(express.urlencoded({extended:false}))
//POST 请求
app.post('/',(req,res)=>{
    console.log(req.body)
    res.send(req.body)
})
```

在客户端通过 Postman 工具发送 urlencoded 格式数据测试，测试结果如图 4-18 所示。

5. 第三方中间件

在实际项目开发中，使用最多的是第三方中间件。通过强大的第三方中间件，可以极大地提升开发效率。

下面以 body-parser 中间件为例，演示第三方中间件的使用方法。

body-parser 中间件的作用是解析客户端发送的请求数据，实现步骤如下：

（1）安装 body-parser。

（2）导入中间件。

（3）使用 app.use()注册中间件。

图 4-18　解析 urlencoded 数据

首先运行下述命令，安装 body-parser 中间件。

```
npm install body-parser
```

导入和注册 body-parser 中间件，示例代码如下：

```
//导入 Express 框架
const express=require('express')
//创建 Web 服务器实例
const app=express()
//1.导入 body-parser 中间件
const parser=require('body-parser')
//2.注册全局中间件
app.use(parser.urlencoded({extended:false}))
//POST 请求
app.post('/',(req,res)=>{
  console.log(req.body)
  res.send(req.body)
})
```

代码解析：

导入 body-parser 中间件之后,服务器端同样使用 req.body 获取客户端发送的表单数据。

通过 Postman 工具在客户端发送 urlencoded 请求数据，响应结果如图 4-19 所示。

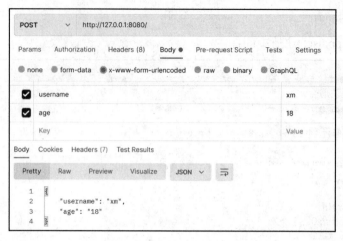

图 4-19　第三方中间件解析 urlencoded 数据

4.5　使用 Express 框架写接口

本节介绍如何使用 Express 框架写接口。写接口是 Express 框架的重要知识点之一，读者应注意认真学习。以前的项目开发中，之所以要求前、后端分离，是因为接口只能由后端人员编写；但有了 Node.js 之后，前端人员也可以编写功能接口了。

4.5.1　定义 GET 请求接口

在项目根目录下新建 express02.js 入口文件，使用 Express 框架创建基本服务器，示例代码如下：

```
//导入 Express 框架
const express=require('express')
//创建 Web 服务器实例
const app=express()
//监听端口号
app.listen(8080,()=>{
    console.log('服务器启动成功，请访问 http://127.0.0.1:8080')
})
```

在项目根目录下新建 api.js 路由模块，创建路由实例对象，示例代码如下：

```
//导入 Express 框架
const express=require('express')
//创建路由实例对象
const router=express.Router()
//共享路由实例对象
```

```
module.exports=router
```

返回 express02.js 入口文件，导入路由模块，并注册全局中间件。示例代码如下：

```
//导入路由模块
const router=require('./api')
//将路由模块注册全局中间件
app.use(router)
```

现在准备工作已经完成，接下来在路由模块中编写第一个请求接口，并使用 GET 类型请求。示例代码如下：

```
//第一个请求接口
router.get('/get',(req,res)=>{
    res.send({
        status:0,
        msg:'GET OK',
        data:{
            username:'admin',
            password:'123456'
        }
    })
})
```

代码解析：

上述代码是最为常见的一种接口，其作用是给客户端响应一个对象。其中，status 属性表示响应状态，0 表示成功，1 表示失败；msg 属性表示状态描述信息。

通过 Postman 工具在客户端发送 GET 请求，测试接口返回的数据，测试结果如图 4-20 所示。

图 4-20　GET 接口测试

由图 4-20 可知，第一个请求接口开发完成，客户端已可以成功获取到响应的数据。

4.5.2　定义 POST 请求接口

下面介绍如何使用 Express 定义 POST 请求接口。

打开 api.js 路由模块，在其中编写 POST 请求接口，示例代码如下：

```
//POST 请求
router.post('/post',(req,res)=>{
    res.send({
        status:0,
        msg:'POST OK',
        data:[
            {username:'xm',age:20},
            {username:'xh',age:18}
        ]
    })
})
```

通过 Postman 工具在客户端发送 POST 请求，测试 POST 接口返回的数据，测试结果如图 4-21 所示。

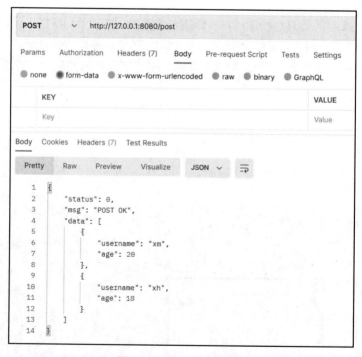

图 4-21　POST 接口测试

由图 4-21 可知，POST 请求接口开发完成，客户端可成功获取到响应数据。

4.5.3 接口跨域

前面创建的 GET 接口和 POST 接口，默认是不支持跨域的。也就是说，只要不在同源策略下请求接口，都获取不到数据。因此，解决跨域问题是开发者写接口过程中必须要掌握的知识点。

Express 中解决跨域问题有两种方法，一种是使用 CORS 中间件，另一种是使用 JSONP 接口。最常用的是 CORS 中间件，因为 JSONP 接口只支持 GET 请求，下面一起来认识一下。

CORS 中间件的作用就是跨域资源共享，其由一系列 HTTP 响应头组成，由这些响应头决定是否可以获取跨域的数据。

CORS 只需要在服务器端进行配置，客户端不需要做任何配置。

CORS 中间件的使用步骤如下：

（1）运行"npm install cors"命令，安装 CORS 中间件。

（2）在 express02.js 入口文件导入 CORS 中间件。

（3）在路由模块之前使用 app.use()，将 CORS 注册成全局中间件。

下面看一段示例代码：

```
//导入 Express 框架
const express=require('express')
//创建 Web 服务器实例
const app=express()
//导入 CORS 中间件
const cors=require('cors')
app.use(cors())
//导入路由模块
const router=require('./api')
//将路由模块注册全局中间件
app.use(router)
//监听端口号
app.listen(8080,()=>{
    console.log('服务器启动成功，请访问 http://127.0.0.1:8080')
})
```

注意：CORS 中间件需要在路由模块之前。

默认情况下，CORS 仅支持客户端发送 GET、POST 和 HEAD 请求，如果要发送 PUT 请求或者其他类型的请求，需要在服务器端设置响应头，并通过 Access-Control-Alow-Methods 声明。示例代码如下：

```
router.get('/get',(req,res)=>{
    //允许 POST,GET,DELETE 请求
```

```
    res.setHeader('Access-Control-Alow-Methods','POST,GET,DELETE')
    res.send({
        status:0,
        msg:'OK',
        data:{
            username:'admin',
            password:'123456'
        }
    })
})
```

请求方法可以使用"*"通配符，表示支持任何 http 请求方法。示例代码如下：

```
//允许任何 http 请求方法
res.setHeader('Access-Control-Alow-Methods','*')
```

4.5.4　定义 JSONP 接口

浏览器通过 script 标签的 src 属性请求服务器上的数据，服务器返回函数调用，这种请求方式叫作 JSONP 请求。

通过 JSONP 接口也可以解决跨域问题，但是其仅支持 GET 请求。

如果项目中已经使用了 CORS 中间件，那么 JSONP 接口必须定义在 CORS 中间件之前，否则会被处理成 CORS 接口。

定义 JSONP 接口分为如下 4 个步骤：

（1）获取客户端发送的回调函数名称。

（2）获取服务器端响应数据。

（3）拼接函数调用字符串。

（4）把拼接字符串响应给客户端。

示例代码如下：

```
//定义 JSONP 接口
//客户端演示: http://127.0.0.1:8080/jsonp?callback=jsonp1653745829764
router.get('/jsonp',(req,res)=>{
    //1.获取客户端发送的回调函数名称
    const fName=req.query.callback
    //2.获取服务器端响应数据
    const getData={username:'xm',age:20}
    //3.拼接函数调用字符串
    const fn=`${fName}(${JSON.stringify(getData)})`
    //4.把拼接字符串响应给客户端
    res.send(fn)
})
```

新建 jsonp.html 文件，添加按钮元素。单击按钮，通过 jquery 发起 JSONP 请求。示例代码如下：

```
<body>
    <button id="btn">jsonp</button>
    <script>
        document.getElementById('btn').onclick=function(){
            $.ajax({
                method:'GET',
                url:'http://127.0.0.1:8080/jsonp',
                dataType:'jsonp',
                success:function(res){
                    console.log(res)
                }
            })
        }
    </script>
</body>
```

在浏览器中打开 jsonp.html 页面，单击 jsonp 按钮调用 JSONP 接口，调用结果如图 4-22 所示。

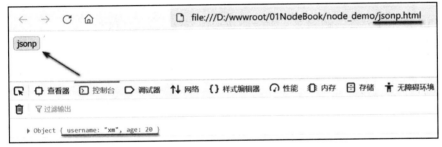

图 4-22　JSONP 接口调用结果

jsonp.html 在浏览器中以 file 模式打开，请求接口地址是 http 模式，两者并不在同源策略下，控制台可以正常获取服务器端返回的数据，这说明 JSONP 接口同样可以解决跨域问题。

第 5 章

MySQL 数据库

本章开始 MySQL 数据库的讲解,通过本章知识的学习,读者可以掌握常见 SQL 语句的使用,如新增语句、查询语句、更新语句、删除语句等。

5.1 什么是 MySQL 数据库

MySQL 是一款安全、跨平台、高效的数据库系统,由瑞典的 MySQL AB 公司开发,是一款开源、免费的数据库。

MySQL 的 logo(见图 5-1)是一只名为 Sakila 的海豚,代表着 MySQL 数据库的速度、能力、精确和优秀本质。

图 5-1   MySQL 的 logo

1. MySQL 的数据组织结构

MySQL 中的数据组织结构从大到小,可分为数据库(database)、数据表(table)、数据行(row)和字段(field)4 个部分。

在数据库中可以创建无数张数据表,在每张数据表中可以包含任意个数据行,每一个数据行都是由字段组成的。

在实际项目开发的流程中,是先创建数据库,再创建数据表,然后创建数据行和字段。一般情况下,每个项目都对应一个独立的数据库,很少出现一个数据库对应多个项目的情况。

数据表中存储的信息是不固定的,通常由字段决定其内容。例如,可以给 user 表设计 id、username、password 这 3 个字段,表示 user 表中存储了用户 id、用户名和密码信息。

2. Navicat 可视化 MySQL 管理工具

正常情况下，用户需要在计算机上安装 MySQL Server 和 MySQL Workbench 才能使用 MySQL 数据库。这两个软件的安装过程比较简单，但由于每个人的计算机环境不同，即使参考了详细的安装教程，也会有很大一部分读者由于计算机环境的原因，无法安装成功。

为了方便读者学习数据库的知识，推荐大家使用 Navicat 可视化工具来操作 MySQL 数据库。

5.2　Navicat 可视化管理工具

Navicat 是一款全面的数据库管理工具，不仅可以管理 MySQL 数据库，比较流行的数据库都可以使用 Navicat 进行管理，如 MongoDB、Oracle 等数据库。因此，读者在下载 Navicat 的时候，需要注意应下载 MySQL 版本的 Navicat。

5.2.1　安装 Navicat 可视化管理工具

安装 Navicat 可视化管理工具的操作步骤如下：

（1）双击安装包，打开 Navicat 安装对话框，如图 5-2 所示。

图 5-2　Navicat 安装对话框

（2）单击"下一步"按钮，打开"许可证"对话框，如图 5-3 所示。

（3）选中"我同意"单选项，单击"下一步"按钮，打开"选择安装文件夹"对话框，在此可选择安装目录，如图 5-4 所示。

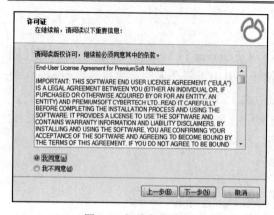

图 5-3　阅读版权许可

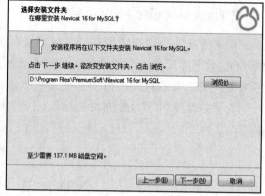

图 5-4　选择安装目录

（4）单击"下一步"按钮，打开"准备安装"对话框，如图 5-5 所示。

（5）单击"安装"按钮，即可开始安装，并显示进度条。稍后一会儿，即可完成安装，如图 5-6 所示。

图 5-5　准备安装

图 5-6　完成 Navicat 安装

5.2.2　使用 Navicat 管理 MySQL 数据库

Navicat 可视化工具安装成功后，接下来需要连接 MySQL 数据库。需要注意的是，Navicat 只是一个数据库管理工具，并没有提供数据库，这里使用笔者提供的测试数据库即可。在实际项目开发中，数据库通常由服务器商家提供。

打开 Navicat，单击左上角的"连接"按钮，选择 mysql，即可弹出"MySQL-新建连接"对话框，如图 5-7 所示。

连接名可以随意填写，主机填写为 5.252.164.181（服务商提供），端口填写为 3306，用户名填写为 webedu，密码填写为 5b2NxdXGBmKN3H8c，最后单击"确定"按钮，即可连接服务器，连接结果如图 5-8 所示。

图 5-7　连接数据库

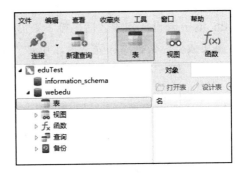

图 5-8　数据库连接成功

eduTest 是自定义连接名，information_schema 是系统服务器无须理会，webedu 是服务商提供的测试数据库。

5.2.3　创建数据表

成功连接数据库以后，就可以创建数据表了。操作分为以下 3 步：

（1）展开 webedu 数据库，找到表节点，单击右键选择新建表。

（2）设计表字段。

（3）保存表，并重命名表。

下面创建 db_user 用户表，保存用户 id、用户名、用户密码以及用户状态信息。db_user 表的结构如图 5-9 所示。

图 5-9　db_user 表结构

设计表时，填写字段名称之后需要选择类型，这里的类型指的是数据类型，其中 int 表示的是整数类型，varchar(len)表示的是字符串类型，tinyint(len)表示的是布尔类型。

字段除了需要设置数据类型，有的字段还需要设置特殊标识，以进行字段约束。常见的字段约束有以下 4 种：

- ☑ PRIMARY KEY 表示主键，是一张表的唯一标识。
- ☑ NOT NULL 表示值不允许为空。
- ☑ UNIQUE 表示唯一值，不允许重复。
- ☑ AUTO_INCREMENT 表示值会自动增长。

字段具体需要哪个标识，要根据实际情况来决定。

db_user 表设计完成之后，接下来需要向表中插入数据。单击左下角的"+"按钮，可为其添加数据。数据添加完成后，单击"√"按钮，保存数据，如图 5-10 所示。

图 5-10　向表中添加数据

5.3　使用 SQL 语句管理数据库

什么是 SQL 语句呢？SQL 是用来访问和处理数据库的编程语言，即以编程的形式来操作数据库，而使用 SQL 编写出来的代码就叫作 SQL 语句。

SQL 语句最常见的用法有 4 种：从数据库中查询数据、向数据库中插入数据、更新数据和删除数据。

5.3.1　SELECT 查询语句

SELECT 语句的作用是从表中查询数据，查询的结果存储在结果集中。语法命令如下：

```
--查询表中所有数据，*表示所有列
SELECT * FROM 表名
--查询表中指定列的数据
SELECT 列名称 FROM 表名称
```

SQL 语句的关键字是不区分大小写的。因此，SELECT 等同于 select，FROM 等同于 from。除了关键字，其他信息是区分大小写的，如表的名称。

1. "SELECT *" 语句

"SELECT *" 语句可查询表格中所有列的数据。单击工具栏中的"查询"按钮，再单击"新建查询"按钮，即可编写 SQL 语句，如图 5-11 所示。

图 5-11　新建查询编写 SQL 语句

在"查询"面板中编写 SQL 语句，并进行查询，结果如图 5-12 所示。

2. "SELECT 列名称" 语句

使用"SELECT *"语句可将 db_user 表中所有列的数据全部查询一遍。如果只需要查询 username 和 password 这两列的信息，就需要使用"SELECT 列名称"语句，演示结果如图 5-13 所示。

图 5-12　select 语句查询结果

图 5-13　"SELECT 列名称"语句查询结果

注意：使用"SELECT 列名称"语句时，列与列之间需要使用英文状态下的逗号隔开。

5.3.2　INSERT INTO 插入语句

INSERT INTO 语句的作用是向表中插入数据，语法命令如下：

```
INSERT INTO 表名 (列1,列2,...) VALUES(值1,值2,...)
```

语法解析：

向指定表中插入列数据，列的值通过 VALUES 属性指定。前面设置了几列，VALUES 中就需要填写多少个相对应的值。

下面向 db_user 表中插入一条新数据，username 为 xm，password 为 abc123，其 SQL 语句和执行结果如图 5-14 所示。

图 5-14　插入语句

5.3.3　UPDATE 更新语句

UPDATE 语句的作用是更新数据表中的数据，语法命令如下：

```
UPDATE 表名 SET 列名=新值 WHERE 列名=值
```

语法解析：

使用 UPDATE 关键字指定要更新哪张数据表中的数据，使用 SET 关键字指定列对应的新值，使用 WHERE 关键字指定更新条件。

例如，要把 db_user 表中 id 属性为 1 的用户密码修改成 666666，其 SQL 语句和执行结果如图 5-15 所示。

图 5-15　更新语句

🔊 **注意**：使用 UPDATE 更新语句时，一定要使用 WHERE 关键字指定更新条件。如果不指定更新条件，会将整个数据表中的 password 属性全部修改成 666666。

上述示例通过 UPDATE 语句更新了一条数据中的一列。除此之外，还可以使用 UPDATE 语句更新一条数据中的多列。例如，把 id 为 2 的用户名修改成 admin，密码修改成 888888，其 SQL 语句和执行结果如图 5-16 所示。

图 5-16　更新多列

5.3.4　DELETE 删除语句

DELETE 语句的作用是删除数据表中的数据，语法命令如下：

```
DELETE FROM 表名 WHERE 列名=值
```

语法解析：

使用 DELETE 关键字指定要删除哪张表中的数据，使用 WHERE 关键字指定删除条件。

例如，要删除 db_user 表中 id 为 3 的用户，其 SQL 语句和执行结果如图 5-17 所示。

图 5-17　删除语句

注意：DELETE 删除语句和 UPDATE 更新语句类似，都需要使用 WHERE 关键字来指定条件。如果不指定条件，删除或更新的将是整张数据表，所以一定要慎重使用 DELETE 语句和 UPDATE 语句。

5.3.5　WHERE 子句

WHERE 子句用来限定选择的标准，在 SELECT、UPDATE、DELETE 语句中都可以使用 WHERE 子句限定执行条件。语法命令如下：

```
-- SELECT 语句中的 WHERE 条件
SELECT 列名 FROM 表名 WHERE 列名 运算符 值
-- UPDATE 语句中的 WHERE 条件
UPDATE 表名 列名=新值 WHERE 列名 运算符 值
```

```
-- DELETE 语句中的 WHERE 条件
DELETE FROM 表名 列名 运算符 值
```

在 SQL 语句中可以使用的运算符有很多，WHERE 子句中常见的运算符如表 5-1 所示。

表 5-1　WHERE 子句中的运算符

运　算　符	描　　述	运　算　符	描　　述
=	等于	>=	大于等于
<>	不等于	<=	小于等于
>	大于	BETWEEN	在某个范围内
<	小于	LIKE	搜索某种模式

在 SELECT 语句中使用 WHERE 子句，示例代码如下：

```
-- 查询 id 等于 1 的用户信息
SELECT * FROM db_user WHERE id=1
-- 查询 id 大于 1 的用户信息
SELECT * FROM db_user WHERE id>1
-- 查询 id 不等于 1 的所有用户
SELECT * FROM db_user WHERE id<>1
```

上述代码通过 WHERE 子句限定查询条件，在 UPDATE、DELETE 语句中使用方法是一样的。

5.3.6　AND 和 OR 运算符

在 WHERE 子句中还可以使用 AND 和 OR 运算符，作用是把两个或者多个条件结合起来。其中，AND 表示必须同时满足多个条件，OR 表示只要满足任意一个条件即可。

使用 AND 运算符查询 db_user 表中 id 小于 3 并且 username 等于 admin 的所用用户，其 SQL 语句和执行结果如图 5-18 所示。

图 5-18　AND 运算符

使用 OR 运算符查询 db_user 表中 id 等于 1 或者 username 等于 admin 的所有用户，其 SQL 语句和执行结果如图 5-19 所示。

图 5-19　OR 运算符

5.3.7　ORDER BY 子句

ORDER BY 子句的作用是根据指定的列对查询结果进行排序。ORDER BY 语句默认按照升序进行排序，如果需要降序排序，则需要使用 DESC 关键字。

1. 升序排序

把 db_user 表中的数据按照 id 字段进行升序排列，其 SQL 语句和执行结果如图 5-20 所示。

图 5-20　升序

由图 5-20 可知，查询结果为 3 条数据，并进行升序排列。由于 ORDER BY 语句默认按照升序排列，因此 ORDER BY 子句后面无须使用关键字。

2. 降序排序

把 db_user 表中的数据按照 id 字段进行降序排列，其 SQL 语句和执行结果如图 5-21 所示。

图 5-21　降序

由图 5-21 可知，查询结果为 3 条数据，并在 ORDER BY 子句后面使用 DESC 关键字进行降序排列。

再次强调，降序排列的关键字为 DESC，升序排列的关键字是 ASC。不写关键字，默认表示升序排列。

3. 多重排序

使用 ORDER BY 子句还可以进行多重排序。例如，把 db_user 表中的数据，先按照 username 属性的字母顺序进行升序排列，再按照 id 属性进行降序排列，其 SQL 语句和执行结果如图 5-22 所示。

图 5-22　多重排序

代码解析：

如图 5-22 所示语句中，先根据 username 属性的字母进行升序排列，查询结果应该是 admin、admin、bd、cm；然后是根据 id 进行降序排列，实际上只对用户名是 admin 的数据进行重新排列，因为是降序，所以查询的结果 id 为 2 的用户排第 1，id 为 1 的用户排第 2。

5.3.8　COUNT(*)函数

COUNT(*)函数的作用是返回查询结果的总条数，语法命令如下：

```
SELECT COUNT(*) FROM 表名
```

例如，查询 db_user 表中 username 属性为 admin 的数据总条数，其 SQL 语句和执行结果如图 5-23 所示。

图 5-23　获取总条数

从查询结果可以看出，在 db_user 表中，总共有 2 条 username 为 admin 的数据。

由图 5-23 可知，使用 COUNT(*)函数查询出来的结果，列名也是 COUNT(*)。用户通常并不知道 COUNT(*)代表的是什么，因此可以使用 AS 关键字为其设置别名，示例代码如图 5-24 所示。

图 5-24　使用 AS 关键字设置别名

使用 AS 关键字把查询结果命名成 total，只要符合情景，别名可以任意命名。AS 不仅可以给 COUNT(*)函数设置别名，普通的列也可以使用 AS 设置别名。例如，给 username 列重新命名，代码如下：

```
SELECT username AS uName FROM db_user
```

第 6 章

Express 框架操作 MySQL 数据库

本章讲解如何在 Express 框架中操作 MySQL 数据库，通过本章学习，读者能够熟练使用 Express 框架对 MySQL 数据库进行增、删、改、查操作。

6.1 安装 mysql 第三方模块

在 Express 框架中使用 mysql 模块可以连接到数据库，本节讲解 mysql 模块的安装以及如何在 Express 框架中执行 SQL 语句。

6.1.1 安装 mysql 模块

mysql 模块是 npmjs.com 中的一个第三方模块，要在项目中使用 mysql 模块，需要先进行安装。安装命令如下：

```
npm install mysql
```

mysql 模块安装成功之后，需要创建自定义模块，并进行初始化设置。在项目的根目录下新建 db.js 文件，并进行初始化配置，代码如下：

```
//导入 mysql 模块
const mysql =require('mysql')
//连接 MySQL 数据库
const db=mysql.createPool({
    //数据库 ip 地址
    host:'5.252.164.181',
    //数据库账号
    user:'webedu',
    //数据库密码
    password:'5b2NxdXGBmKN3H8c',
    //操作的数据库名称
    database:'webedu'
})
```

代码解析:

初始化 mysql 模块分为两步:第 1 步导入 mysql 模块;第 2 步调用 mysql 模块的 createPool 方法,连接数据库。

6.1.2　执行 SQL 语句

mysql 模块配置成功后,就可以使用 SQL 语句对数据库进行操作了。调用 db.query() 方法,指定要执行的 SQL 语句,示例代码如下:

```
db.query('select * from db_user',(err,result)=>{
    if(err){
        return console.log('查询失败: ',err.message)
    }
    console.log('查询成功: ',result)
})
```

代码解析:

调用 db.query 指定待执行的 SQL 语句,第 1 个参数传入 SQL 语句,当前 SQL 语句是查询 db_user 表中的所有数据;第 2 个参数是 SQL 语句执行完毕之后的回调函数,如果执行失败,则调用 err.message 提示执行失败的原因。result 参数为 SQL 语句的查询结果。

在终端执行 db.js 文件,查询结果如图 6-1 所示。

```
PS C:\Users\123\Desktop\nodeTest> node db.js
查询成功:  [
  RowDataPacket { id: 1, username: 'admin', password: '666666' },
  RowDataPacket { id: 2, username: 'admin', password: '888888' },
  RowDataPacket {
    id: 4,
    username: 'bd',
    password: '$2a$10$sMaXZvxydY6oD8mpWHMXkeTPpeYxaZWNpxXOnV5JPhNsSUC1P/rBq'
  },
  RowDataPacket { id: 5, username: 'cm', password: '123456' }
]
```

图 6-1　SQL 语句查询结果

由图 6-1 可知,SQL 语句的查询结果是一个长度为 4 的数组。

注意:SELECT 查询语句的查询结果永远是一个数组。

6.2　操作数据库

本节使用 SQL 语句对数据库进行增、删、改、查操作。一个规范的接口需要把 SQL 语句和方法进行分离,接下来演示如何在文件中操作数据库的增、删、改、查。

6.2.1 新增数据

向 db_user 表中新增一条数据，其中 username 的值为 admin3，password 的值为 123456。示例代码如下：

```
//定义插入 db_user 表中的数据
const userData={username:'admin3',password:'123456'}
//定义待执行的 SQL 语句
const sql=`INSERT INTO db_user (username,password) VALUES (?,?)`
//执行 SQL 语句
db.query(sql,[userData.username,userData.password],(err,result)=>{
    if(err){
        return console.log('新增失败：',err.message)
    }
    if(result.affectedRows!==1){
        return console.log('新增失败')
    }
    console.log('新增成功')
})
```

代码解析：

在实际项目开发中，待执行的 SQL 语句不会直接定义在 db.query()方法中，而会把 SQL 语句单独抽离。

上述代码中，第 1 步定义要插入 db_user 表中的数据。在实际项目开发中，第 1 步也是先获取客户端发送的数据。

第 2 步定义待执行的 SQL 语句。使用模板字符串进行定义，通过 VALUES 关键字指定插入的数据，插入的数据使用"？"占位符进行数据占位。

第 3 步调用 db.query()方法执行 SQL 语句。第 1 个参数是待执行的 SQL 语句；第 2 个参数是 SQL 语句中占位符的实际数据，如果 SQL 语句中只有一个占位符，可以直接写占位符的数据，如果有多个占位符，则需要使用数组的形式填写数据；第 3 个参数是 SQL 语句执行完毕之后的回调函数。

在回调函数中，如果 SQL 语句执行失败，使用 return 终止程序。如果查询结果中的 affectedRows 影响行数不等于 1，也需要使用 return 终止程序。

执行 db.js 文件，数据库 db_user 表如图 6-2 所示，可见 admin3 用户已成功插入数据表中。

当前方法稍微有点烦琐，把每一列名称和每一列对应的值全部进行了声明。接下来介绍

对象	db_user @webedu (test) - 表	
开始事务	文本 ▾ 筛选 排序	导入 导出
id	username	password
1	admin	666666
2	admin	888888
4	bd	$2a$10$sMaX...
5	cm	123456
6	admin3	123456

图 6-2 新增用户（1）

一种更简单的插入数据的方法。

向 user 表中插入新数据，username 的值为 admin4，password 的值为 123456。示例代码如下：

```
//第1步：定义插入 db_user 表中的数据
const userData={username:'admin4',password:'123456'}
//第2步：定义待执行的 SQL 语句
const sql=`INSERT INTO db_user SET ?`
//第3步：执行 SQL 语句
db.query(sql,userData,(err,result)=>{
    if(err){
        return console.log('新增失败: ',err.message)
    }
    if(result.affectedRows!==1){
        return console.log('新增失败')
    }
    console.log('新增成功')
})
```

代码解析：

第 2 步中 INSERT INTO db_user 后面并没有出现列名，而是修改成了 SET 关键字，值为占位符。

第 3 步中占位符的数据为第 1 步定义的插入对象。

执行 db.js 文件之后，数据表中的数据如图 6-3 所示。

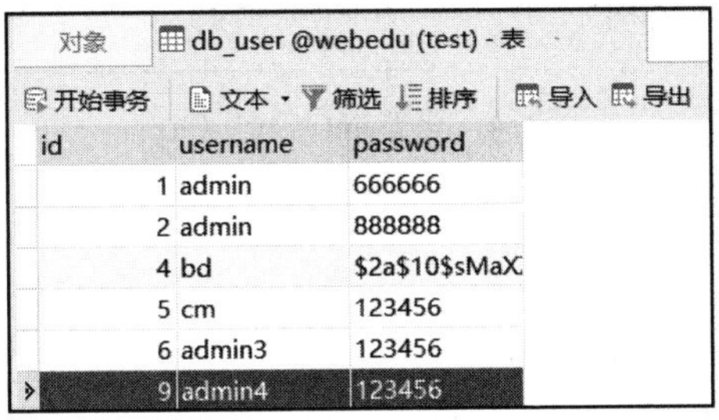

图 6-3　新增用户（2）

注意：使用简单方法时，在对象中定义的属性名称必须和数据表中的字段名称相同。

6.2.2　更新数据

在 db.js 文件中使用 UPDATE 更新数据，把 db_user 表中 id 为 6 的用户的 username 属性修改为 DW，password 属性修改为 abc。示例代码如下：

```
//第1步：获取要更新的数据对象
const userData={username:'dw',password:'abc'}
//第2步：定义待执行的 SQL 语句
```

```
const sql=`UPDATE db_user SET username=?,password=? WHERE id=6`
//第 3 步：调用 db.query()方法执行 SQL 语句，并为占位符赋值
db.query(sql,[userData.username,userData.password],(err,result)=>{
    if(err){
        return console.log('更新失败：',err.message)
    }
    if(result.affectedRows!==1){
        return console.log('更新失败')
    }
    console.log('更新成功')
})
```

代码解析：

上述代码可分为 3 步。第 1 步获取要更新的数据，并组织成对象格式；第 2 步定义待执行的 SQL 语句，把最终需要更新的值使用占位符占位；第 3 步调用 db.query()方法，执行 SQL 语句，并且为占位符指定真实数据。

在终端执行 db.js 文件，数据表中的数据如图 6-4 所示。

对象	db_user @webedu (test) - 表	

| 开始事务 | 文本 ▾ | 筛选 | 排序 | 导入 | 导出 |

id	username	password
1	admin	666666
2	admin	888888
4	bd	$2a$10$sMaX.
5	cm	123456
6	dw	abc
9	admin4	123456

图 6-4　更新用户信息（1）

从图 6-4 中可以看出，id 为 6 的数据，用户名和密码均已修改，这是 SQL 语句更新数据的第一种方法。

更新数据同样有简单方法。例如，把 db_user 表中 id 为 9 的用户的 username 属性修改为 es，password 属性修改为 abc123，示例代码如下：

```
//第 1 步：获取要更新的数据对象
const userData={username:'es',password:'abc123'}
//第 2 步：定义待执行的 SQL 语句
const sql=`UPDATE db_user SET ? WHERE id=9`
//第 3 步：调用 db.query()方法执行 SQL 语句，并为占位符赋值
db.query(sql,userData,(err,result)=>{
    if(err){
        return console.log('更新失败：',err.message)
    }
    if(result.affectedRows!==1){
        return console.log('更新失败')
    }
    console.log('更新成功')
```

```
})
```

代码解析：

第 2 步定义待执行的 SQL 语句中，UPDATE db_user SET 关键字后直接使用占位符占位，不需要把更新的数据全部列出来。

第 3 步中，占位符的数据就是第 1 步所获取的数据对象。

最终数据表的更新结果如图 6-5 所示。

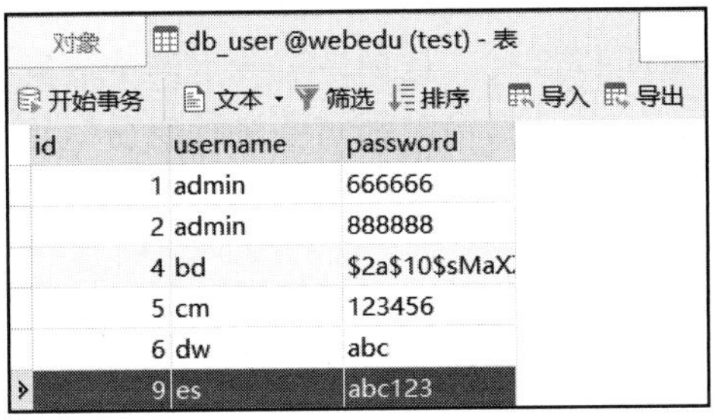

图 6-5　更新用户信息（2）

6.2.3　删除数据

在 db.js 文件中使用 DELETE 删除数据，把 db_user 表中 id 为 9 的用户删除。示例代码如下：

```
//第 1 步：定义待执行的 SQL 语句
const sql=`DELETE FROM db_user WHERE id=?`
//第 2 步：调用 db.query()方法执行 SQL 语句
db.query(sql,9,(err,result)=>{
    if(err){
        return console.log('删除失败：',err.message)
    }
    if(result.affectedRows!==1){
        return console.log('删除失败')
    }
    console.log('删除成功')
})
```

到此为止，使用 SQL 语句对数据库进行增、删、改、查操作已经全部介绍完毕。

📢 **注意**：在定义待执行的 SQL 语句时，只要是客户端传来的数据，都要使用占位符进行占位。

第7章

Express 框架身份认证

身份认证又称作身份验证和鉴权，是指通过一定的手段完成对用户身份的确认。例如，各大网站登录个人中心、登录邮箱时都需要进行身份认证，身份认证的目的是确认用户身份。

7.1　Web 开发模式

正式讲解身份认证之前，需要先了解当前的 Web 开发模式。当前主流的 Web 开发模式有两种，分别是服务端渲染的 Web 开发模式和前后端分离的 Web 开发模式。

1. 服务器端渲染的 Web 开发模式

服务器端渲染的 Web 开发模式是指服务器发送完整的 HTML 代码给客户端，数据经过动态拼接和渲染后，客户端就不需要再使用 Ajax 等技术请求页面数据。示例代码如下：

```
app.get('/index',(req,res)=>{
    const data={username:'admin'}
    const htmlStr=`你好,我的名字是${data.username}`
    res.send(htmlStr)
})
```

代码解析：

获取到数据之后，经过字符串拼接，响应给客户端的数据是一个完整的页面，包含真实数据，客户端不需要做额外处理，这种模式称作服务器端渲染的 Web 开发模式。这种开发模式对于前端工程师来说，工作量小，只需要渲染页面即可。但是对后端工程师来说，这种开发模式工作量大，并且占用服务器资源。

2. 前后端分离的 Web 开发模式

前后端分离的 Web 开发模式比较好理解，后端工程师只负责提供 API 接口，前端工程师通过 Ajax、Vue 等技术调用接口，获取数据。

前后端分离的 Web 开发模式开发效率更高，并且降低了服务器端的渲染压力，增强了用户体验。

服务器端渲染和前后端分离这两种开发模式有着各自的优缺点。在实际项目开发中，该如何进行选择呢？读者只要牢记，一般企业类型的网站可以使用服务器端渲染的模式，而管理系统中使用前后端分离的 Web 开发模式。

7.2　身份认证分类

不同的开发模式，身份认证的分类也不相同。服务器端渲染的 Web 开发模式一般采用 Session 身份认证，前后端分离的 Web 开发模式一般采用 JWT 身份认证。

7.2.1　Session 认证机制

学习 Session 认证机制前，需要先了解 HTTP 协议的无状态性。HTTP 协议的无状态性指的是客户端的 HTTP 请求每次都是独立的，连续多个请求之间没有直接关系，服务器不会主动保存 HTTP 的请求状态。例如，客户端第一次请求时输入了账号和密码，但如果不去做身份认证，服务器就无法保存登录状态，在第二次请求时仍然需要重新输入账号和密码。

关于 HTTP 协议的无状态性，读者只需要记住一点，即服务器不会主动记录客户端的请求状态。

那么，服务器到底该如何记住客户端的请求状态呢？事实上，客户端登录成功之后，服务器会给客户端一个标识。在 Web 开发中，这个标识的专业术语叫作 Cookie。当客户端再次请求服务器时，只需要把 Cookie 发送给服务器，服务器就可以知道此用户的身份，从而记住客户端的请求状态。

接下来详细讲解 Cookie。Cookie 是存储在用户浏览器中的一段字符串，以键值对（由一个名称和一个值组成）的形式存储，同时 Cookie 还包括一些可选的属性。

以百度官网为示例，百度的 Cookie 如图 7-1 所示。

图 7-1　百度的 Cookie

图 7-1 中左侧的名称和值组成了 Cookie，右侧的属性均为可选属性，作用是控制 Cookie 的有效期、安全性等。

Cookie 中有以下注意事项：

☑ 不同域名下的 Cookie 是独立的，只能访问自己域名下的 Cookie，不能跨域名进行访问。

☑ 客户端发送请求时，会自动把当前域名下所有未过期的 Cookie 发送给服务器。

当客户端第一次发送请求给服务器时，服务器通过响应头的形式，向客户端发送一个身份认证的 Cookie。其作用是当客户端再次发送请求给服务器时，浏览器会自动将身份认证的 Cookie，以请求头的形式发送给服务器，服务器通过 Cookie 验证客户端的身份。

以百度官网为例，当再次请求百度服务器时，请求头中就携带了 Cookie 信息，如图 7-2 所示。

图 7-2　请求头中的 Cookie 信息

7.2.2　服务器端 Session 认证

Cookie 存储在浏览器中，由于浏览器提供了读写 Cookie 的 API，用户可以任意修改，因此 Cookie 不具有安全性。比较重要的隐私数据，服务器不能使用 Cookie 发送给客户端。

为了防止客户端伪造 Cookie 信息，服务器在接收到客户端发送的 Cookie 之后，首先会对信息进行验证，这个过程称为 Session 认证。

以用户登录为例，客户端第一次请求服务器时会携带用户名和密码，请求到达服务器之后，首先验证用户名和密码是否正确。

登录成功之后，服务器需要做以下两件事情。

（1）把用户信息存储到服务器内存中，同时生成 Cookie 信息。

（2）服务器将生成的 Cookie 响应给客户端。

此时浏览器会自动保存服务器响应的 Cookie 信息，当客户端第二次请求服务器时，会通过请求头的形式把 Cookie 发送给服务器。

客户端的请求再次到达服务器之后，服务器首先会验证请求头中的 Cookie 和服务器内存中的 Cookie 是否一致。认证成功之后，再把当前用户信息响应给客户端。

7.2.3　服务器端安装 express-session 中间件

要想在 Express 项目中使用 Session 认证，首先需要安装 express-session 中间件。安装命令如下：

```
npm install express-session
```

安装成功之后，需要使用 app.use()方法将 Session 注册成全局中间件。示例代码如下：

```
const express=require('express')
const app=express()
//导入 express-session 中间件
const session=require('express-session')
//配置 Session 中间件
app.use(session({
    //secret 属性值为任意字符串
    secret: 'keyboard cat',
    //resave: false 为固定语法
    resave: false,
    //saveUninitialized: true 为固定语法
    saveUninitialized: true,
    //cookie: { secure: true }
})))
```

代码解析：

在使用 app.use()方法配置 Session 对象时，secret 的属性值是任意字符串，作用是对 Session 进行加密；resave 属性和 saveUninitialized 属性是固定写法；cookie: { secure: true } 属性一般不需要添加，如果设置了，则必须使用 https 的地址形式访问网站。

1. 向 Session 中保存数据

express-session 中间件配置成功之后，即可通过 req.session 存储用户信息。接下来模拟登录接口。

接口描述：客户端发送 POST 请求，在请求体中携带用户名 username、密码 password 这两个参数，如果 username 的值为 admin，password 的值为 123456，表示登录成功，服务器把用户信息保存到 Session 中。

接口的示例代码如下：

```
app.post('/login',(req,res)=>{
    //获取客户端请求体数据
    const userInfo=req.body
```

```
        //判断用户名是否为 admin，密码是否为 123456
        if(userInfo.username!=='admin'||userInfo.password!=='123456'){
            return res.send({status:1,message:'用户名或密码错误'})
        }
        //...登录成功
        //将用户信息存储到 Session
        req.session.user=userInfo
        //将用户登录状态存储到 Session
        req.session.islogin=true
        res.send({status:0,message:'登录成功'})
})
```

代码解析：

如果程序没有执行 if 语句，表示用户登录成功。登录成功之后，通过 req.session 获取到 Session 对象，并将用户信息和用户状态以自定义属性的形式保存到 Session 对象中。

 注意：未安装 express-session 中间件之前，req 中不存在 Session 对象。

2. 从 Session 中读取数据

通过自定义属性的形式向 Session 中存储数据后，接下来还要从 Session 中读取数据，即使用 req.session 对象获取存储的数据。接下来模拟判断用户是否已登录接口。

接口描述：根据 Session 对象中的 islogin 判断用户是否登录。

示例代码如下：

```
app.get('/username',(req,res)=>{
    //判断用户是否登录
    if(!req.session.islogin){
        return res.send({status:1,message:'未登录'})
    }
    //...登录成功
    res.send({status:0,message:'已登录',
username:req.session.user.username})
})
```

代码解析：

从 Session 对象中获取数据，使用 req.session.属性名的形式获取。例如，上述代码中获取到的用户登录状态是 req.session.islogin，用户名是 req.session.user.username。

3. 清空 Session

当用户注销登录时，服务器中保存的 Session 信息应同步进行删除。使用 req.session.destroy()方法可以删除 Session。接下来模拟用户注销登录的接口。

接口描述：客户端请求"/logout"接口，清空服务器中的 Session。

示例代码如下：

```
app.post('/logout',(req,res)=>{
```

```
//清空 Session
req.session.destroy()
res.send({status:0,message:'注销成功'})
})
```

代码解析：使用 req.session.destroy()方法删除服务器端 Session 对象。

7.3　JWT 认证

如果 Web 开发模式是前后端分离的，就要使用 JWT 认证，因为 Session 认证需要配合客户端 Cookie，Cookie 默认是不支持跨域访问的，而前后端分离的开发模式大多数都需要跨域访问，所以不建议使用 Session 认证。

7.3.1　什么是 JWT 认证

JWT（JSON Web Token）是目前流行的跨域认证解决方案。通俗地讲，JWT 就是一段字符串，是进行用户身份认证的凭证，包括头部、载荷、签证 3 段。

1. JWT 认证原理

以用户登录为例，客户端第一次请求服务器时会携带用户名和密码，请求到达服务器之后，首先验证用户名和密码是否正确。

登录成功之后，服务器需要做以下两件事情：

（1）将用户的信息经过加密生成 Token 字符串。

（2）将加密好的 Token 字符串响应给客户端。

客户端获取到服务器响应回来的 Token 字符串后，将其存储到 LocalStorage 中。客户端再次发送请求时，需要通过请求头的 Authorization 字段，将 Token 发送给服务器。

服务器拿到 Token 字符串之后，还原成用户的信息对象，并进行认证。用户身份认证成功之后，再把当前用户信息响应给客户端。

总之，JWT 认证原理的核心就是服务器生成 Token 字符串，并将其保存到客户端的浏览器中；服务器再还原客户端发送的 Token 字符串，进行用户身份认证。

2. JWT 组成

JWT 就是一段字符串，由头部、载荷、签证 3 部分组成，使用英文状态下的"."进行分隔。一个完整的 JWT 字符串如下：

```
eyJhbGciOiJIUzI1NiIsInR5cCI6IkpXVCJ9.eyJzdWIiOiIxMjM0NTY3ODkwIiwibmFtZSI
6IkpvaG4gRG9lIiwiYWRtaW4iOnRydWV9.TJVA95OrM7E2cBab30RMHrHDcEfxjoYZgeFONF
```

```
h7HgQ
```

上述 JWT 字符串通过两个 "." 拼接组成，其中：

☑ eyJhbGciOiJIUzI1NiIsInR5cCI6IkpXVCJ9 为第 1 部分，被称为头部（Header）。

☑ eyJzdWIiOiIxMjM0NTY3ODkwIiwibmFtZSI6IkpvaG4gRG9lIiwiYWRtaW4iOnRyd WV9 为第 2 部分，被称为载荷（Payload）。

☑ TJVA95OrM7E2cBab30RMHrHDcEfxjoYZgeFONFh7HgQ 为第 3 部分，被称为签证（Signature）。

📢 **注意**：组成 Token 的字符串是经过加密的，其中第 2 部分载荷才是存放有效信息（如用户信息）的地方。第 1 部分头部和第 3 部分签证是为了增强 Token 的安全性而设置的。

7.3.2 在 Express 项目中使用 JWT 认证

掌握了 JWT 原理之后，接下来我们就在 Express 项目中使用 JWT 认证。

首先安装两套 JWT 包，安装命令如下：

```
npm install jsonwebtoken
npm install express-jwt
```

jsonwebtoken 的作用是生成 JWT 字符串，express-jwt 的作用是将 JWT 字符串还原成 JSON 对象。

JWT 包安装成功之后，使用 require()方法导入模块。代码如下：

```
//用于生成 JWT 字符串
const jwt=require('jsonwebtoken')
//用于还原客户端发送的 JWT 字符串
const expressJWT=require('express-jwt')
```

1. 定义 secret 密钥

为了防止 JWT 字符串在传输的过程中被破解，需要定义一个用于加密和解密的 secret 密钥。

secret 密钥的本质就是一个字符串，可以随意填写。示例代码如下：

```
const secretKey='hello world@'
```

2. 生成 JWT 字符串

通过 jsonwebtoken 提供的 sign()方法可以生成 JWT 字符串。业务场景是当用户登录成功之后再生成 JWT 字符串，并且响应给客户端。接下来模拟登录接口。

接口描述：客户端发送 POST 请求，在请求体中携带用户名 username、密码 password 这两个参数，如果 username 的值为 admin，password 的值 123456，表示登录成功，服务器生成 JWT 字符串，并响应给客户端。

示例代码如下：

```
app.post('/login',(req,res)=>{
    //获取客户端请求数据
    const userInfo=req.body
    //判断用户名是否为 admin，密码是否为 123456
    if(userInfo.username!=='admin'||userInfo.password!=='123456'){
        return res.send({status:1,message:'用户名或密码错误'})
    }
    //...登录成功
    res.send({
        status:0,
        message:'登录成功',
        token:jwt.sign({username:userInfo.username},secretKey,{expiresIn:
'60s'})
    })
})
```

代码解析：

（1）登录成功之后，服务器调用 res.send()方法向客户端响应数据，其中 token 属性就是生成的 JWT 字符串。

（2）调用 jwt.sign()方法生成 JWT 字符串，在方法中需要传入 3 个参数，第 1 个参数是用户的信息对象，第 2 个参数是 secret 加密密钥，第 3 个参数是配置对象。

（3）在配置对象中，expiresIn 属性的作用是设置 JWT 字符串的有效期。当前设置的有效期为 60 秒，因此 60 秒之后当前 Token 字符串将作废。

3. 还原 JWT 字符串

客户端发送有权限的请求接口，需要在请求头中添加 Authorization 字段，将 Token 字符串发送到服务器进行身份验证。

服务器通过 express-jwt 中间件将客户端发送的 Token 还原成 JSON 对象，示例代码如下：

```
app.use(expressJWT({secret:secretKey}).unless({path:[/^\/api\//]}))
```

代码解析：

（1）调用 app.use()方法注册全局中间件。

（2）调用 expressJWT({secret:secretKey})配置解析 Token 的中间件。

（3）调用.unless({path:[/^\/api\//]})指定哪些接口不需要访问权限。

4. 使用 req.user 对象获取用户信息

express-jwt 中间件配置成功之后，使用 req.user 对象可访问从 JWT 字符串中解析出来的用户信息。

正常来说，req 中是没有 user 对象的。只有当 express-jwt 中间件配置成功之后，req 中才有了 user 对象，且 user 对象中包含解析完成的用户信息。接下来进行代码演示。

接口描述：客户端请求"/getdata"，服务器响应解密之后的用户信息。

示例代码如下：

```
app.get('/getdata',(req,res)=>{
    //使用 req.user 获取解密之后的用户信息
    const userInfo=req.user
    res.send({
        status:0,
        message:'获取用户信息成功',
        data:userInfo
    })
})
```

5. 捕获 JWT 错误

如果使用 express-jwt 中间件解析 Token 字符串出现错误，为了确保程序能继续往下执行，可以使用 Express 错误类型的中间件捕获错误。定义错误类型中间件的代码如下：

```
app.use((err,req,res,next)=>{
    //解析 Token 失败
    if(err.name=='UnauthorizedError'){
        return res.send({status:1,message:'无效的 Token'})
    }
    //其他错误
    res.send({status:1,message:'未知错误'})
    next()
})
```

代码解析：

如果 err.name 是 UnauthorizedError，说明 Token 过期或者是伪造的 Token，此时会被错误类型中间件捕获，把错误原因响应给客户端，不会导致程序崩溃。

第 8 章

Node.js 事件循环

本章讲解 Node.js 事件循环的相关知识。通过学习本章内容，读者可以掌握事件循环的概念、浏览器中的事件循环、Node.js 中的事件循环等知识点。只要弄懂事件循环，就标志着读者已经真正掌握了 Node.js 中的异步操作。

8.1　浏览器中的事件循环

在浏览器或 Node.js 环境中，对 JS 的调度方式就是事件循环。在浏览器中，事件循环主要为了调度事件、渲染数据等。读者现阶段学习浏览器中的事件循环，只需要掌握 JS 中异步代码的执行顺序即可。

浏览器中的 JS 代码运行属于单线程。既然是单线程，当有任务进入队列时就需要排队等待。为了提高执行效率，减少不必要的等待，JS 被设计成可以进行异步操作的语言。

在 JavaScript 中，任务可以分为同步任务和异步任务。同步任务无须过多讲解，代码通常从上往下依次执行即可，而异步代码的执行过程则需要通过事件循环。

在浏览器中，JavaScript 的事件循环可分为如下 3 步：

（1）所有的同步任务在主线程上执行，形成执行站。

（2）除了主线程，还存在"任务队列"等待异步操作。

（3）主线程中所有的同步任务执行完毕后，进入"任务队列"，异步任务结束等待状态，进入执行栈，开始执行。

在主线程中会不断地重复第 3 步，在这个过程中是不断循环的，所以又称为事件循环。

下面通过代码来演示事件循环机制，示例代码如下：

```
<script>
   function f1(){
      console.log('Hello')
   }
   setTimeout(f1,1000)
   console.log('哈喽')
</script>
```

上述代码是一个非常简单的小程序，在浏览器中的执行结果是先打印中文"哈喽"，再打印 f1()方法中的"Hello"，通过图 8-1 演示打印过程。

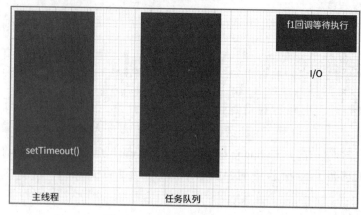

图 8-1　setTimeout()进入主线程

上述代码中，f1()为同步的函数声明无须理会，程序继续往下执行，setTimeout()首先进入主线程，但是里面的代码需要等 1 秒之后才能执行。为了提高执行效率，此时 f1 回调函数将进入 I/O 线程等待执行。

setTimeout()出栈，console.log('哈喽')进入主线程，没有包含异步操作，直接出栈打印即可。

此时主线程中所有代码执行完毕，I/O 线程只有 f1()回调函数，直接进入任务队列执行回调。所以上述案例首先打印中文"哈喽"，再打印英文"Hello"，如图 8-2 所示。

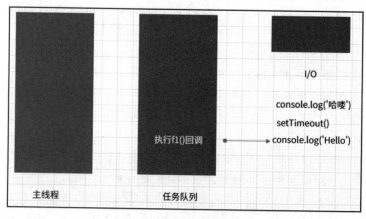

图 8-2　f1()回调进入任务队列

上述代码只存在一个异步操作，为了更好地理解事件循环，下面我们把上述案例进行升级，示例代码如下：

```
<script>
   function f1(){
      console.log('Hello')
```

```
}
setTimeout(f1,0)
Promise.resolve().then(()=>{
    console.log('promise Msg')
})
console.log('哈喽')
</script>
```

代码解析：

上述代码中，setTimeout()为异步操作，并且等待时间为 0，Promise.resolve()也是异步操作，那么这两个异步操作哪个先开始执行呢？

通过图 8-3 演示程序的执行过程。

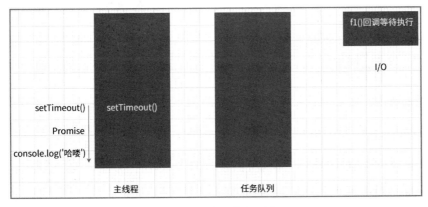

图 8-3　主线程执行顺序

通过图 8-3 可知，上述代码在主线程中的执行顺序依次是 setTimeout()、Promise 和 console.log('哈喽')。

setTimeout()首先进入主线程，由于是异步代码，异步回调函数进入 I/O 线程等待执行，此时 setTimeout()出栈，Promise 进入主线程，如图 8-4 所示。

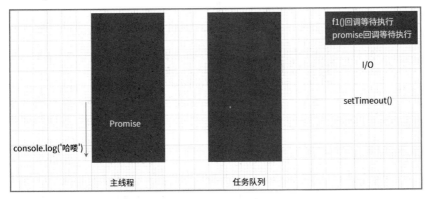

图 8-4　Promise 进入主线程

由图 8-4 可知，Promise 进入主线程，由于是异步操作，promise 的回调函数进入 I/O 等待执行。

Promise 出栈，console.log('哈喽')进入主线程，因为没有异步操作直接出栈，所以控制台首先打印的是"哈喽"。

主线程中所有代码执行完毕后，此时的 I/O 中包含 f1 回调和 promise 回调，哪个回调会先进入"任务队列"被执行呢？目前来说并不能确定，因为这两个回调的执行时间都是立即执行，等待时间都为 0，所以需要通过宏任务与微任务来判断哪个回调先被执行。

8.2 宏任务与微任务

除了同步任务和异步任务，JavaScript 线程还可以细分成宏任务和微任务。

宏任务其实就是主线程代码，而目前所接触的微任务代码就是 promise。宏任务和微任务的执行过程如下：

（1）首先执行宏任务队列，在执行的过程中遇到微任务，则加入微任务队列，等待执行。

（2）宏任务队列执行完毕之后，立即执行微任务中的代码。在微任务的执行过程中，遇到宏任务，则再次加入宏任务队列。

（3）反复执行上述两步。

接下来通过宏任务和微任务分析上一节中的代码执行过程，如图 8-5 所示。

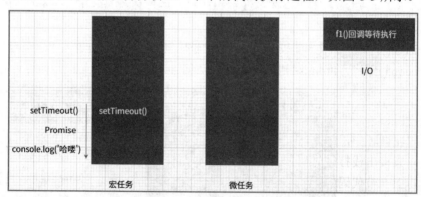

图 8-5 宏任务执行顺序

由图 8-4 可知，宏任务中会依次执行 setTimeout()、Promise 和 console.log('哈喽')。

setTimeout()首先进入宏任务，由于是异步操作，因此回调函数进入 I/O 等待执行。

setTimeout()出栈，Promise 进入宏任务，Promise 的回调同样是异步操作，但是 Promise 的异步代码并不是在 I/O 中等待执行，而是在微任务中等待执行，如图 8-6 所示。

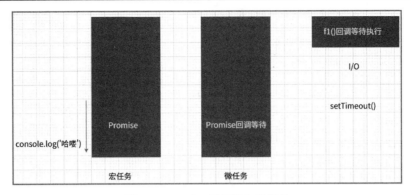

图 8-6　Promise 回调进入微任务

接下来 Promise 出栈，console.log('哈喽')进入宏任务，没有异步操作，直接出栈打印即可。目前为止，第一轮中所有的宏任务执行完毕。

宏任务执行完毕，立即开始执行微任务，也就是 Promise 的回调，打印 console.log('promise MSg')，所以第二个输出的是"promise MSg"。

此时，只剩下 I/O 线程中的 f1 回调还没有执行，f1 回调属于宏任务，要重新创建宏任务队列，进入第二轮循环，如图 8-7 所示。

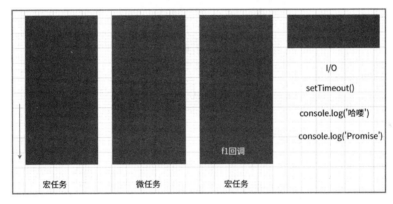

图 8-7　f1 回调进入第二轮事件循环

在第二轮循环中，f1 回调进入宏任务，在回调函数中没有异步操作，也没有微任务的产生，可以直接出栈打印结果。

因此，上一节代码的最终打印结果为"哈喽""promise Msg"和"Hello"。

8.3　多层嵌套 promise 事件循环案例

本节将介绍一道经典面试题，以加深读者对浏览器事件循环机制的理解。

示例代码如下：

```
<script>
    function f1(){
        console.log('Hello')
    }
    setTimeout(f1,0)
    Promise.resolve().then(()=>{
        console.log('promise Msg')
        Promise.resolve().then(()=>{
            console.log('promise Msg2')
        })
    })
    console.log('哈喽')
</script>
```

代码解析：

上述代码在 promise 中嵌套了一层 promise，运行代码后控制台中的打印顺序会是什么样呢？我们通过图 8-8 来分析异步代码的执行过程。

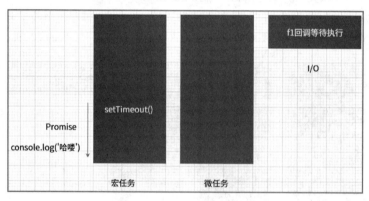

图 8-8　宏任务执行顺序

由图 8-7 可知，主线程中的代码分别是 setTimeout()、Promise 和 console.log('哈喽')，代码从上往下依次执行。

setTimeout()首先进入宏任务，因为是异步操作，所以 f1 回调函数进入 I/O 等待执行，然后 setTimeout 出栈，Promise 进入宏任务，Promise 回调进入微任务，如图 8-9 所示。

Promise 异步操作属于微任务，所以回调函数进入微任务，等待执行。然后 Promise 出栈，console.log('哈喽')进入宏任务，没有异步操作，直接出栈打印结果，所以控制台首先打印的是"哈喽"。

当所有的宏任务执行完成之后，立即执行微任务中的代码。上述代码中，promise 回调不仅打印 console.log('promise Msg')，还嵌套了一个 promise。接下来应该先执行哪个回调函数呢？

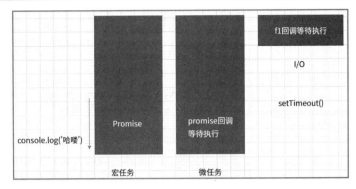

图 8-9　Promise 回调进入微任务

在事件循环中有这样一个结论，每一轮的事件循环都会执行一个宏任务和所有的微任务，所以在第一轮事件循环中，会把所有的微任务执行完毕，嵌套的 promise 也属于微任务，所以执行结果如图 8-10 所示。

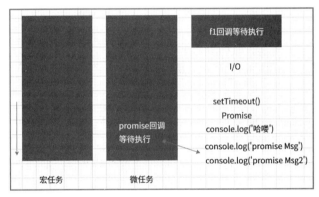

图 8-10　执行所有微任务

经过第一轮事件循环之后，控制台打印的结果为"哈喽""promise Msg"和"promise Msg2"，此时只有 f1 回调函数还在 I/O 中等待执行。因为 f1 回调属于宏任务，所以将进入第二轮事件循环，如图 8-11 所示。

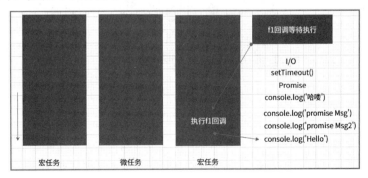

图 8-11　f1 回调进入第二轮事件循环

f1 回调进入第二轮循环的宏任务，回调函数中只打印了"Hello"，并没有新的微任务产生，所以控制台打印"Hello"，结束循环。

8.4 混合嵌套事件循环案例

本节讲述混合嵌套的事件循环案例。如果读者理解了本案例，则表示读者已经真正掌握了浏览器中的事件循环。

示例代码如下：

```html
<script>
    function f1(){
        Promise.resolve().then(()=>{
            console.log('promise Msg')
        })
    }
    setTimeout(f1,0)
    Promise.resolve().then(()=>{
        setTimeout(()=>{
            console.log('setTimeout Msg')
        },0)
    })
    console.log('哈喽')
</script>
```

执行上述代码，控制台中的打印顺序会是什么样的呢？通过图 8-12 可以分析代码的执行过程。

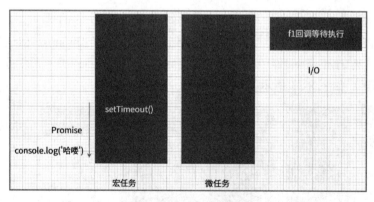

图 8-12　宏任务执行顺序

主线程宏任务中的代码依然是 setTimeout()、Promise 和 console.log('哈喽')。setTimeout() 首先进入宏任务，因为是异步操作，f1 回调进入 I/O 等待执行，然后 setTimeout() 出栈，Promise 进入宏任务，Promise 回调进入微任务，如图 8-13 所示。

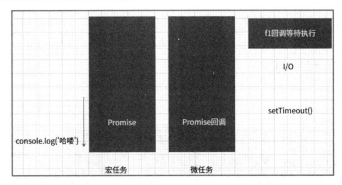

图 8-13　Promise 回调进入微任务

Promise 进入宏任务时，因为是异步操作，所以 Promise 回调要进入微任务。然后 Promise 从宏任务出栈，conlose.log('哈喽')进入宏任务，没有异步操作，直接出栈打印结果。上述案例中，首先打印的还是"哈喽"。

此时宏任务执行完毕，立即执行微任务，也就是 Promise 回调，因为 Promise 回调是异步操作，所以进入 I/O 等待执行，此时完成第一轮事件循环，如图 8-14 所示。

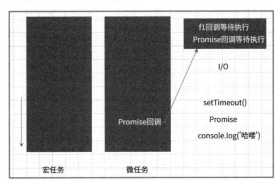

图 8-14　完成第一轮事件循环

在第二轮事件循环中，f1 回调首先进入宏任务，在 I/O 线程中有先进先出的原则，因为 f1 回调先进入 I/O，所以在第二轮事件循环中，f1 回调先进入宏任务，如图 8-15 所示。

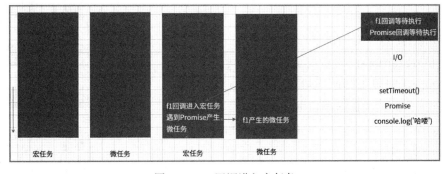

图 8-15　f1 回调进入宏任务

101

f1 回调进入宏任务中，遇到 Promise 产生微任务，Promise 回调进入第二轮中的微任务，然后 f1 出栈。第二轮中的宏任务执行完成，立即执行微任务，直接打印 console.log('promise Msg')，第二轮事件循环结束。

因为此时 I/O 线程中还有 Promise 回调等待执行，所以进入第三轮事件循环，如图 8-16 所示。

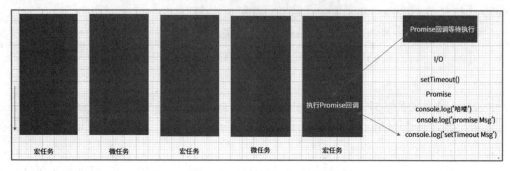

图 8-16　Promise 回调进入第三轮事件循环

在第三轮事件循环中，宏任务执行 Promise 回调，因为没有其他异步操作的产生，直接出栈打印结果即可。所以，本案例的最终打印顺序为"哈喽""promise Msg"和"setTimeout Msg"。

8.5　Node.js 事件循环

浏览器中的事件循环，相信大家已经掌握了，下面讲解 Node.js 事件循环。需要注意的是，Node.js 中的事件循环和浏览器中的事件循环完全不一样，而且要比浏览器中的事件循环复杂很多。

浏览器中每一轮事件循环都包含宏任务和微任务两个阶段。但在 Node.js 中，每一轮事件循环都要包含 6 个阶段，如图 8-17 所示。

6 个阶段的描述如下：

☑　timers：定时器，在此阶段执行 setTimeout()回调函数。

☑　I/O callbacks：大多数回调函数在此阶段执行，除了 timers 回调和 close callbacks 回调。

☑　idle：此阶段在内部使用，无须理会。

☑　poll：此阶段轮询检索 I/O 事件，可能会发生阻塞。注意，此阶段非常重要。

☑　check：此阶段执行 setImmediate()设置的回调。

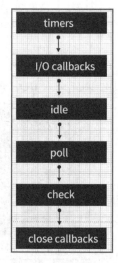

图 8-17　Node.js 中的事件循环

☑　close callbacks：关闭事件的回调，无须理会。

上述 6 个阶段中，比较重要的是 poll 阶段，下面来详细介绍一下。

poll 阶段分为以下两种情况：

（1）当事件循环进入 poll 阶段，并且代码没有定义 timer 定时器时，如果 poll 不为空，则同步执行 poll 中的回调函数，直至 poll 为空。如果 poll 为空，又分为两种情况。如果代码定义了 setImmediate() 回调函数，将结束 poll 阶段，进入 check 阶段；如果代码没有定义 setImmediate() 回调函数，事件循环将阻塞在 poll 阶段，等待回调函数的加入，且一旦加入，立即开始执行。

（2）当事件循环进入 poll 阶段，并且代码定义了 timer 定时器时，如果 poll 阶段为空闲状态，则检查定时器时间是否已经到达；如果定时器时间已经到达，则按照顺序进入 timers 阶段。

8.6　Node.js 事件循环案例

Node.js 中的事件循环之所以比较复杂，是因为异步操作的执行时间不能随意控制。不方便做案例展示，只能模拟异步操作的执行时间。

接下来看一个经典案例，示例代码如下：

```
const path=require('path')
const fs=require('fs')
fs.readFile(path.join(__dirname,'/test.txt'),()=>{
    setImmediate(()=>{
        console.log('setImmediate Msg')
    })
    setTimeout(()=>{
        console.log('setTimeout Msg')
    },0)
})
```

在 Node.js 环境中运行上述代码，终端打印的顺序是什么样的呢？我们通过图 8-18 演示 Node.js 中的事件循环。

上述代码中并没有定义定时器，所以当程序进入 poll 阶段时，会执行 poll 阶段的第一种情况。

fs.readFile() 为异步操作，回调函数进入 I/O 等待执行，因为代码没有定义 setImmediate() 回调函数，所以事件循环将阻塞在 poll 阶段，等待回调函数的加入，且一旦加入，立即执行。

当 fs.readFile() 读取文件成功，I/O 中的回调函数加入 poll 阶段开始执行，回调函数中包含了 setImmediate() 异步回调和 setTimeout() 异步回调。

setImmediate() 异步回调会在 check 阶段调用，setTimeout() 异步回调会在 timer 阶段调用，如图 8-19 所示。

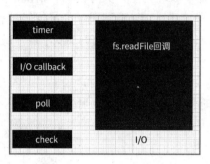

图 8-18　Node.js 事件循环

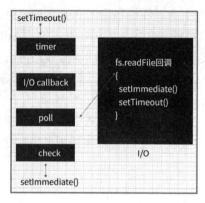

图 8-19　setImmediate 和 setTimeout 的调用阶段

注意：setImmediate() 是在第一轮事件循环的 check 阶段执行，而 setTimeout() 是在下一轮的开始执行，所以上述代码的打印顺序为"setImmediate Msg""setTimeout Msg"。

接下来讲解第二个案例，示例代码如下：

```
setTimeout(()=>{
    console.log('setTimeout Msg')
},0)
setImmediate(()=>{
    console.log('setImmediate Msg')
})
```

上述代码在 Node.js 中的打印顺序是什么样的呢？

要理解上述代码，需要先知道两个前提：

（1）在 Node.js 中，代码 setTimeout(fn,0)===setTimeout(f1,1) 表示在定时器中 0 毫秒执行和 1 毫秒执行是完全一样的。

（2）在 Node.js 事件循环中，每个阶段的切换也是需要时间的。例如，从 timer 阶段切换到 poll 阶段，可能需要 1 毫秒。

通过图 8-20 演示代码的执行过程。

上述代码中设定了 timer 定时器，所以当事件循环进入 poll 阶段时，会执行 poll 阶段第二种情况"如果 poll 阶段为空闲状态，则检查定时器时间是否已经到达，如果定时器时间已经到达，则按照顺序进入 timers 阶段"。

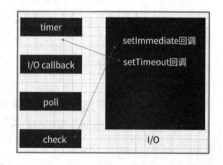

图 8-20　setImmediate 和 setTimeout 的调用阶段

接下来只需要判断 I/O 进程中的 setImmediate() 和 setTimeout() 这两个异步操作的执行时间即可。

第一种情况，如果从 timer 阶段到 poll 阶段用时超过 1 毫秒，此时 setTimeout 时间已到达，则结束本轮循环，setTimeout 回调进入 timer 先执行，所以先打印的是"setTimeout Msg"。

第二种情况，如果从 timer 阶段到 poll 阶段用时在 1 毫秒之内，由于定时器时间未到，所以本轮循环先跳过 poll 阶段，进入 check 阶段，在 check 阶段先执行 setImmediate 回调。1 毫秒之后在下一轮循环的 timer 阶段再执行 setTimeout 回调，所以第二种情况先打印的是"setImmediate Msg"。

第 9 章

Koa 框架

本章介绍 Koa 框架。Koa 框架是基于 Node.js 平台的下一代 Web 开发框架，由 Express 框架原班人员开发。也可以说，Koa 框架是 Express 框架的升级版本。

为什么要学习 Koa 框架呢？这是因为 Koa 框架支持 async 和 await 异步操作，从而避免了函数的多层调用。Koa 框架体积更小，属于轻量级框架，减少了内置中间件。例如，在 Express 框架中有 express.static()、express.Router()等内置中间件，而在 Koa 框架中统统剔除了这些中间件，采用按需求导入第三方中间件的形式。

通过本章的学习，读者可以掌握 Koa 框架的使用方法，以及如何在框架中使用模板引擎。

9.1 安装 Koa 框架

Koa 框架的本质是 npmjs.com 中的一个包，作用是快速创建 Web 服务器。

下面新建 koa_demo 文件夹作为项目根目录，然后打开终端，运行"npm init"命令，初始化 package.json 包管理工具。

运行下述命令，安装 Koa 框架：

```
npm install koa
```

使用 Koa 框架创建 Web 服务器分为以下 3 个步骤：

（1）导入 Koa 框架。

（2）创建 Web 服务器。

（3）设置端口号，并启动服务器。

在项目根目录下新建 app.js 入口文件，然后创建 Web 服务器。示例代码如下：

```
//导入 Koa 框架
const Koa=require('koa')
//创建 Web 服务器
const app=new Koa()
//设置端口号，服务器启动成功之后调用回调函数
app.listen(80,()=>{
    console.log('服务器已启动，请访问 http://127.0.0.1')
```

```
})
```

和 Express 框架相比，Koa 框架不能把请求方式直接挂载到 app 服务器实例上，而必须通过函数中的 context 对象来处理请求和响应。

Koa 框架提供了 context 对象，用于处理一条请求的上下文，并通过 context 对象来响应数据。

什么是上下文？通俗地讲，就是接收请求、解析数据、执行中间件、响应数据的整个过程。例如，要实现客户端访问 http://127.0.0.1，服务器端响应 Hello Koa，示例代码如下：

```
//导入 Koa 框架
const Koa=require('koa')
//创建 Web 服务器
const app=new Koa()
//定义字面量函数
const f1=(context)=>{
    context.response.body='Hello Koa'
}
//使用 app.use 注册全局中间件
app.use(f1)
//设置端口号，服务器启动成功之后调用回调函数
app.listen(80,()=>{
    console.log('服务器已启动，请访问 http://127.0.0.1')
})
```

代码解析：

（1）定义 f1 字面量函数，在函数中传入 context 参数，使用 app.use() 将 f1 注册成 Koa 全局中间件。此时 context 中就包含了所有和请求 request、响应 response 相关的属性。

（2）执行 app.js 文件启动服务器，在浏览器中访问 http://127.0.0.1，响应回来的内容就是 Hello Koa。

9.2　详解 context 对象

在 Koa 框架中，context 对象的作用是处理请求的上下文，包含请求、响应相关的属性。下面详细讲解 context 对象中的属性。

9.2.1　context.request 属性

context.request 包含了所有和请求相关的属性，常用的属性有获取客户端请求方式、URL 请求地址，以及和请求头相关的信息。示例代码如下：

```
//导入 Koa 框架
const Koa=require('koa')
//创建 Web 服务器
const app=new Koa()
//定义字面量函数
const f1=(context)=>{
    //获取请求方式
    console.log(context.request.method)
    //获取请求 URL 地址
    console.log(context.request.url)
    //获取请求头
    console.log(context.request.header)
}
//使用 app.use 注册全局中间件
app.use(f1)
//设置端口号，服务器启动成功之后调用回调函数
app.listen(80, ()=>{
    console.log('服务器已启动，请访问 http://127.0.0.1')
})
```

在浏览器中访问 http://127.0.0.1/admin，终端打印结果如图 9-1 所示。

```
问题   输出   调试控制台   终端

[nodemon] starting `node app.js`
服务器已启动，请访问http://127.0.0.1
GET
/admin
{
  host: '127.0.0.1',
  'user-agent': 'Mozilla/5.0 (Windows NT 10.0; Win64; x64; rv:98.0) Gecko/20100101 Firefox/98.0',
  accept: 'text/html,application/xhtml+xml,application/xml;q=0.9,image/avif,image/webp,*/*;q=0.8',
  'accept-language': 'zh-CN,zh;q=0.8,zh-TW;q=0.7,zh-HK;q=0.5,en-US;q=0.3,en;q=0.2',
  'accept-encoding': 'gzip, deflate',
  connection: 'keep-alive',
  'upgrade-insecure-requests': '1',
  'sec-fetch-dest': 'document',
  'sec-fetch-mode': 'navigate',
  'sec-fetch-site': 'none',
  'sec-fetch-user': '?1'
}
```

图 9-1　context.request 获取和请求相关的信息

从终端打印结果可以看出，请求方式为 GET 请求，请求 URL 地址为"/admin"，请求头是一个对象，这 3 个属性在 request 对象中均为常用属性。

9.2.2　context.response 属性

context.response 包含了所有和响应相关的属性，如 status、header、body 等。例如，浏览器访问 http://127.0.0.1，服务器响应 Hello Koa，示例代码如下：

```
//导入 Koa 框架
const Koa=require('koa')
//创建 Web 服务器
const app=new Koa()
```

```
//定义字面量函数
const f1=(context)=>{
    context.response.body='Hello World'
    console.log(context.response)
}
//使用 app.use 注册全局中间件
app.use(f1)
//设置端口号，服务器启动成功之后调用回调函数
app.listen(80,()=>{
    console.log('服务器已启动，请访问 http://127.0.0.1')
})
```

在浏览器中访问 http://127.0.0.1，终端打印
结果如图 9-2 所示。

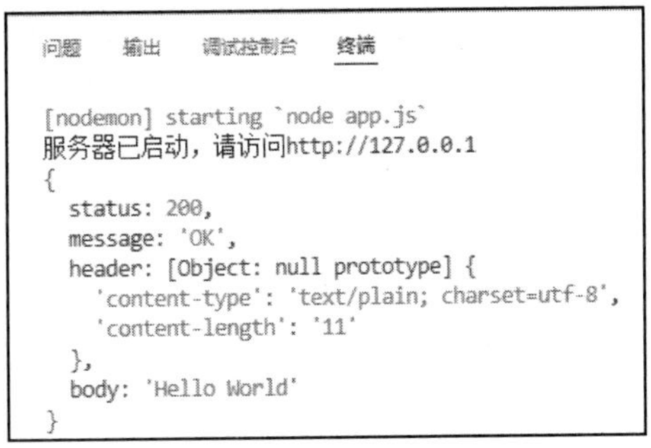

在上述代码中，通过 context.response.body
设置响应给客户端的内容。

由于 Koa 框架把 request 和 response 都封装
到了 context 对象中，为了调用方便，可以省略
request 和 response。

在函数中 context 为形参，可以简写成 ctx，
所以 f1 字面量函数中的代码可以简写为：

```
问题    输出    调试控制台    终端

[nodemon] starting `node app.js`
服务器已启动，请访问http://127.0.0.1
{
  status: 200,
  message: 'OK',
  header: [Object: null prototype] {
    'content-type': 'text/plain; charset=utf-8',
    'content-length': '11'
  },
  body: 'Hello World'
}
```

图 9-2　context.response 获取和响应相关的信息

```
//定义字面量函数
const f1=(ctx)=>{
    console.log(ctx.method);
    console.log(ctx.url);
    ctx.body='Hello Koa'
}
```

9.3　加载 HTML 文件

本节讲解如何使用 Koa 框架响应 HTML 文件，并加载 HTML 页面中的静态资源。

在根目录下创建 index.html 文件，示例代码如下：

```
<!DOCTYPE html>
<html lang="en">
<head>
    <meta charset="UTF-8">
    <meta http-equiv="X-UA-Compatible" content="IE=edge">
    <meta name="viewport" content="width=device-width, initial-scale=1.0">
    <title>Document</title>
</head>
<body>
    <h1>Hello World</h1>
```

109

```
    <img src="images/test.png" alt="">
</body>
</html>
```

返回 app.js 入口文件，读取 html 文件，示例代码如下：

```
//导入 Koa 框架
const Koa=require('koa')
//创建 Web 服务器
const app=new Koa()
//导入 fs 内置模块
const fs=require('fs')
//导入 path 内置模块
const path=require('path')
//定义字面量函数
const f1=(ctx)=>{
ctx.response.type='html'
ctx.body=fs.createReadStream(path.join(__dirname,'/index.html'),{encodin
g:'utf-8'})
}
//使用 app.use 注册全局中间件
app.use(f1)
//设置端口号，服务器启动成功之后调用回调函数
app.listen(80,()=>{
    console.log('服务器已启动，请访问 http://127.0.0.1')
})
```

代码解析：

（1）读取文件使用 fs 内置模块。由于读取文件的路径要使用绝对路径，因此调用 path.join()方法将相对路径拼接成绝对路径。

（2）使用 ctx.response.type 指定响应给客户端的数据类型。

在浏览器中访问 http://127.0.0.1 时，页面只能加载 Hello World 文本，test.png 图片并没有加载。这是因为当前服务器端并没有设置路由，所以在客户端不管访问的 URL 地址是什么，响应的都是 Hello World 文本。

9.4 路　　由

路由就是客户端请求地址和服务器事件处理函数之间的对应关系。

在 Koa 框架中，有原生路由和 koa-route 模块两种使用方法。

1. 原生路由

通过 ctx.request.path 可以获取客户端请求的 URL 地址，根据客户端的请求地址响应不同的内容，示例代码如下：

```
const f1=(ctx)=>{
   if(ctx.request.path=='/'){
      ctx.response.type='html'
      ctx.body=fs.createReadStream(path.join(__dirname,'/index.html'),
{encoding:'utf-8'})
   }else if(ctx.request.path=='/about'){
      ctx.body='关于我们'
   }
}
```

代码解析：

客户端访问"/"根路径，服务器响应 index.html 页面；客户端访问"/about"，服务器响应"关于我们"页面。

2. koa-router 模块

在实际项目开发中，大多数情况下不会使用原生路由，而是使用 koa-router 模块处理路由对应关系。

在终端运行下述命令，安装 koa-route 模块。

```
npm i koa-router
```

在 app.js 入口文件中导入路由模块，并创建路由实例对象，将请求方法挂载到路由实例对象上，示例代码如下：

```
//导入 Koa 框架
const Koa=require('koa')
//导入路由模块
const Router=require('koa-router')
//创建 Web 服务器
const app=new Koa()
//创建路由实例对象
const router=new Router()
//定义 login 字面量函数
const login=ctx=>{
   ctx.body={status:0,message:'login OK'}
}
//定义 register 字面量函数
const register=ctx=>{
   ctx.body={status:0,message:'register OK'}
}
//配置路由
router.get('/login',login)
router.post('/register',register)
//启动路由
app.use(router.routes());
//当所有路由中间件执行完成之后,若 ctx.status 为 405 和 501,则给客户端做出友好提示
app.use(router.allowedMethods());
//设置端口号,服务器启动成功之后调用回调函数
```

```
app.listen(80,()=>{
    console.log('服务器已启动，请访问 http://127.0.0.1')
})
```

代码解析：

在项目中使用路由模块，首先需要导入 koa-router，并且新建路由实例对象。

使用 app.use()将路由实例对象注册成全局可用的中间件，router.routes()方法的作用是将路由模块转换成 app.use()可用的形式。

运行 app.js 文件，通过 Postman 工具测试 http://127.0.0.1/login 路由接口，测试结果如图 9-3 所示。

图 9-3　GET 请求测试路由接口

从图 9-3 中可以看出，路由接口已创建成功。

9.5　模块化路由

1. 单独封装登录和注册路由

随着项目功能的增加，把路由直接挂载到 app.js 入口文件中会不利于后期进行维护。为了方便对路由的管理，需要把登录和注册路由单独封装到路由模块中。

在根目录下新建 user 文件夹，并创建 user.js 文件，初始化代码如下：

```
//导入 koa-router 路由模块
const Router=require('koa-router')
//创建路由实例对象
const router=new Router()
//register 注册接口
router.post('/register',ctx=>{
```

```
    ctx.body={status:0,message:'register OK'}
})
//login 登录接口
router.get('/login',ctx=>{
    ctx.body={status:0,message:'login OK'}
})
module.exports=router
```

代码解析：

接口挂载到 router 路由对象之后，要遵循 CommonJS 规范，使用 module.exports 共享 router 实例。

返回 app.js 入口文件，导入 user/user.js 路由模块，示例代码如下：

```
//导入 Koa 框架
const Koa=require('koa')
//创建 Web 服务器
const app=new Koa()
//导入 user.js 路由自定义模块
const route_user=require('./user/user')
//将 route_user 路由模块注册成全局中间件
app.use(route_user.routes())
//优化 405 和 501 提示
app.use(route_user.allowedMethods());
//设置端口号，服务器启动成功之后调用回调函数
app.listen(80,()=>{
    console.log('服务器已启动，请访问 http://127.0.0.1')
})
```

代码解析：

导入 user.js 路由模块，使用 app.use()将路由模块注册成全局可用的中间件，最终优化之后的 app.js 文件非常简洁易懂。

2. 抽离事件处理函数

返回 user.js 路由模块，当前路由对应关系和事件处理函数都在一个文件中，不利于路由模块的维护。接下来需要抽离事件处理函数，使路由模块只负责对应关系。

新建 user_fn 文件夹，在文件夹下新建 user.js 文件，保存和用户相关的事件处理函数。示例代码如下：

```
//共享注册事件处理函数
exports.register=ctx=>{
    ctx.body={status:0,message:'register OK'}
}
//共享登录事件处理函数
exports.login=ctx=>{
    ctx.body={status:0,message:'login OK'}
}
```

返回 user/user.js 路由模块，导入事件处理函数模块，最终优化之后的路由模块代码如下：

```
//导入 koa-route 路由模块
const Router=require('koa-router')
//创建路由实例对象
const router=new Router({
    //给接口添加/api 统一前缀
    prefix:'/api'
})
//导入事件处理函数模块
const user_fn=require('../user_fn/user')
//register 注册接口
router.post('/register',user_fn.register)
//login 登录接口
router.get('/login',user_fn.login)
module.exports=router
```

创建路由实例对象可以使用 prefix 属性为接口配置统一访问前缀，最后通过 Postman 工具测试路由接口是否正常开通，测试结果如图 9-4 所示。

图 9-4　POST 请求测试路由接口

从图 9-4 中可以看出，路由模块已分层成功。

9.6　URL 请求参数

1. 获取 URL 请求参数

客户端发送请求时，经常需要携带 URL 请求参数。例如，请求下述 URL 地址：

```
http://127.0.0.1/api/login?uname='xm'&pwd='123456'
```

服务器端该如何接收客户端提交的 URL 请求参数呢？一般是通过 ctx.query 对象获取请求参数，返回 user_fn/user.js 事件处理函数模块。示例代码如下：

```
//共享登录事件处理函数
exports.login=ctx=>{
    console.log(ctx.query)
    ctx.body={status:0,message:ctx.query}
}
```

通过 Postman 工具测试客户端发送携带参数的 URL 地址，测试结果如图 9-5 所示。

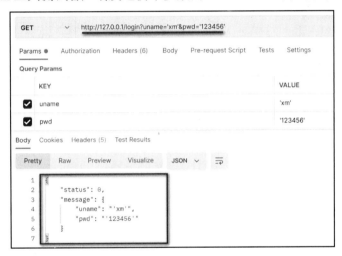

图 9-5　通过 ctx.query 获取 URL 请求参数

由图 9-5 可知，ctx.query 对象可以获取 URL 请求地址中携带的参数。

📢 **注意**：如果客户端的请求地址中并没有携带参数，那么 ctx.query 获取的会是一个空对象。

2. 获取 URL 请求动态参数

URL 参数的另一种形式是客户端发送动态参数，这种形式需要根据参数个数修改路由对应关系。例如，请求下述 URL 地址：

```
http://127.0.0.1/api/register/xm/123456
```

上述请求的 URL 地址中有两个动态参数，返回 user/user.js 路由模块，修改注册接口，示例代码如下：

```
//register 注册接口
router.post('/register/:uname/:pwd',user_fn.register)
```

返回 user_fn/user.js 事件处理函数模块，通过 ctx.params 对象获取动态参数，示例代码如下：

```
//共享注册事件处理函数
exports.register=ctx=>{
    console.log(ctx.params)
    ctx.body={status:0,message:ctx.params}
}
```

通过 Postman 工具测试客户端发送携带动态参数的 URL 地址，测试结果如图 9-6 所示。

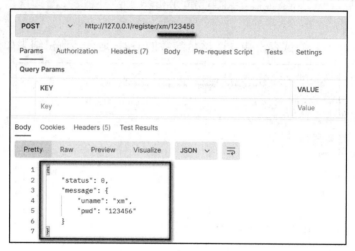

图 9-6 通过 ctx.params 获取 URL 动态请求参数

9.7 koa-bodyparser 模块的使用

由于 Koa 框架取消了获取请求体数据的内置中间件，所以在 Koa 框架中需要使用 koa-bodyparser 第三方模块来获取请求体数据。

执行如下命令，安装 koa-bodyparser 模块。

```
npm i koa-bodyparser
```

返回 app.js 入口文件，导入 koa-bodyparser 模块，并注册成全局可用的中间件，示例代码如下：

```
//导入 Koa 框架
const Koa=require('koa')
//创建 Web 服务器
const app=new Koa()
//导入 user.js 路由自定义模块
const route_user=require('./user/user')
//导入 koa-bodyparser 模块
const bodyParse=require('koa-bodyparser')
//注册成全局可用的中间件
```

```
app.use(bodyParse())
//将 route_user 路由模块注册成全局中间件
app.use(route_user.routes())
//优化 405 和 501 提示
app.use(route_user.allowedMethods());
//设置端口号，服务器启动成功之后调用回调函数
app.listen(80,()=>{
    console.log('服务器已启动，请访问 http://127.0.0.1')
})
```

代码解析：

使用 app.use()将 bodyparser 注册成全局中间件之后，在 ctx.request 请求对象中会挂载 body 属性，用于存放客户端发送过来的请求体数据。

客户端发送请求，服务器端首先执行全局中间件获取客户端发送的数据，然后进入路由模块，这就是服务器端程序的执行流程。

在程序中，上游 ctx 中的数据在下游同样可以使用，所以在路由模块可以直接使用 ctx.request.body 获取客户端请求体数据，示例代码如下：

```
//测试 bodyparser
router.post('/bodyparser',ctx=>{
    console.log(ctx.request.body)
    ctx.body={status:0,message:ctx.request.body}
})
```

通过 Postman 工具测试客户端发送 x-www-from-urlencoded 格式请求体数据，发送方法如图 9-7 所示。

图 9-7　koa-bodyparser 解析请求体数据

由图 9-7 可以看出，koa-bodyparser 模块已配置完成，并成功解析了客户端发送的请求体数据。

9.8　托管静态资源

9.3 节已经实现了 HTML 文件的加载，但图片等静态资源仍然不能正常加载，本节就来实现静态资源的托管。

首先在客户端访问 http://127.0.0.1/api/index，加载 index.html 文件，并渲染图片等静态资源。返回 user/user.js 路由模块，定义/api/index 接口地址，示例代码如下：

```
//加载 index.html
router.get('/index',ctx=>{
    ctx.body={status:0,message:'/index OK'}
})
```

下面将事件处理函数抽离到 user_fn/user.js 文件，并实现读取 index.html 文件，示例代码如下：

```
//共享 index 事件处理函数
exports.getindex=ctx=>{
    ctx.response.type='html'
    ctx.body=fs.createReadStream(path.join(__dirname,'../index.html'))
}
```

📢 **注意：** 事件处理函数中用到了 fs 模块和 path 模块，需要在文件顶部导入这两个模块。

在根目录下创建 public 文件夹，用来存放所有的静态资源，目录结构如图 9-8 所示。

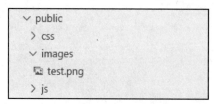

图 9-8　静态资源目录

要想通过 koa-static 模块托管静态资源，需要先运行下述命令，安装 koa-static。

```
npm install koa-static
```

模块安装完成之后，打开 app.js 入口文件，并导入 koa-static 模块，示例代码如下：

```
//导入 koa-static 模块
const koaStatic=require('koa-static')
//将 koa-static 注册成全局中间件
app.use(koaStatic(path.join(__dirname,'/public')))
```

代码解析：

在 koaStatic()方法中传入了 public 静态资源目录，但此时 index.html 文件中的图片依然无法加载。下述代码为 index.html 中的图片地址：

```
<img src="/public/images/test.png" alt="">
```

在学习 Express 框架时讲过，src 路径中不能出现静态资源目录名，即 public 这一层不能出现在路径中。解决方案有两个：第一种方式是直接在路径中去掉 public；第二种方式是自定义中间件，进行 URL 重写。

URL 重写示例代码如下：

```
//导入 koa-static 模块
const koaStatic=require('koa-static')
//自定义中间件，重写 URL
app.use(async (ctx,next)=>{
    if(ctx.url.startsWith('/public')){
        ctx.url=ctx.url.replace('/public','')
    }
    await next()
})
//将 koa-static 注册成全局中间件
app.use(koaStatic(path.join(__dirname,'/public')))
```

代码解析：

通过判断 URL 地址中是否包含 public 目录重写 URL 地址，此时再访问静态资源路径就可以使用 public 这层目录了。

📢 注意：在 Koa 框架中只要有异步操作，就必须使用 async 和 await 语法处理。

在浏览器中访问 http://127.0.0.1/api/index，展示结果如图 9-9 所示。

图 9-9　通过 koa-static 托管静态资源

9.9　异　步　处　理

我们一起学习了 Koa 框架中的全局中间件、第三方模块等知识，但当前接触到的案例都是同步操作。Koa 框架最大的优势就是使用 async 和 await 语法处理异步操作，本节将进入异步操作知识讲解。

9.9.1　同步中间件执行顺序

新建 02app.js 入口文件，初始化 Koa 服务器，并自定义 3 个中间件，示例代码如下：

```
//导入 Koa 框架
const Koa=require('koa')
//创建 Web 服务器
const app=new Koa()
//定义字面量函数
const a1=(ctx,next)=>{
    console.log('a1')
    next()
    console.log('a1~~~')
}
const a2=(ctx,next)=>{
    console.log('a2')
    next()
    console.log('a2~~~')
}
const a3=(ctx,next)=>{
    console.log('a3')
    next()
    console.log('a3~~~')
}
//注册全局中间件
app.use(a1)
app.use(a2)
app.use(a3)
//设置端口号
app.listen(80,()=>{
    console.log('服务器已启动，请访问 http://127.0.0.1')
})
```

在事件处理函数中加上 next()回调函数，表示当前函数作为自定义中间件使用，上述代码使用 app.use()注册 3 个中间件，代码从上往下依次执行。

猜一下，当客户端访问 http://127.0.0.1 时，终端的打印顺序会是什么样呢？

打印结果如图 9-10 所示，可见先打印了 a1、a2、a3，再打印 a3~~~、a2~~~、a1~~~。
为什么会按照这个流程打印呢？原因如下。

当执行到 app.use(a1)时，首先进入 a1 字面量函数，打印出 a1。

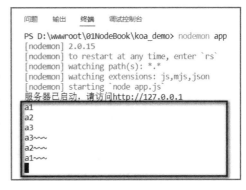

a1 字面量函数的下一行代码是 next()，next() 的本质是下一个中间件，也就是说，看到 next()表示要执行下一个中间件。此时 a1 字面量函数中最后一行代码处于待执行状态，先去执行下一个中间件，当下一个中间件执行完毕之后，再来执行最后一行代码。

图 9-10　同步中间件执行顺序

下一个中间件是 app.use(a2)，因此进入 a2 字面量函数，打印出 a2。

a2 字面量函数的下一行代码是 next()，表示要执行下一个中间件，next()后面的代码处于待执行状态。

最后一个中间件是 app.use(a3)，进入 a3 字面量函数，打印出 a3。此时，前半部分打印的顺序是 a1、a2、a3。

由于 app.use(a3)就是最后一个中间件，所以 a3 字面量函数中的 next()不会执行任何代码，直接执行后续代码，也就是 console.log('a3~~~')，此时 a3 中间件执行完毕。

app.use(a3)中间件执行完毕后，表示 a2 字面量函数中的 next()执行完成。因此，继续执行 next()后面的代码，也就是 console.log('a2~~~')，此时 a2 中间件执行完毕。

app.use(a2)中间件执行完毕后，表示 a1 字面量函数中的 next()执行完成。因此，继续执行 next()后面的代码，也就是 console.log('a1~~~')。

所以最终的打印顺序是 a1、a2、a3、a3~~~、a2~~~、a1~~~。

通过上述案例，读者需要重点掌握 next()回调的本质，即执行下一个中间件。这种请求和响应的模式在 Koa 中又被称为"洋葱模型"。

9.9.2　异步中间件

新建 03app.js 入口文件，还是定义 a1、a2、a3 中间件，但在 a3 中间件中添加定时器，模拟异步操作。示例代码如下：

```
//导入 Koa 框架
const Koa=require('koa')
//创建 Web 服务器
const app=new Koa()
//定义字面量函数
const a1=(ctx,next)=>{
    console.log('a1')
```

```
    next()
    console.log('a1~~~')
}
const a2=(ctx,next)=>{
    console.log('a2')
    next()
    console.log('a2~~~')
}
const a3=(ctx,next)=>{
    console.log('a3')
    next()
    setTimeout(() => {
        console.log('a3~~~')
    }, 3000);
}
//注册全局中间件
app.use(a1)
app.use(a2)
app.use(a3)
//设置端口号
app.listen(80,()=>{
    console.log('服务器已启动，请访问 http://127.0.0.1')
})
```

代码解析：

运行 03app.js 文件，当客户端访问 http://127.0.01 时，终端打印结果为 a1、a2、a3、a2~~~、a1~~~、a3~~~，并且 a3~~~是在 3 秒之后打印出来的。

这个结果并不是我们想要的，我们想要的是让程序遵循洋葱模型顺序，先进后出。

如何处理中间件中的异步操作呢？Koa 框架支持 async 和 await 语法，所以最终代码应该修改如下：

```
//导入 Koa 框架
const Koa=require('koa')
//创建 Web 服务器
const app=new Koa()
//将异步操作封装到 Promise
function promiseFn(){
    return new Promise((resolve,reject)=>{
        setTimeout(() => {
            console.log('a3~~~')
            resolve()
        }, 3000)
    })
}
//定义字面量函数
const a1=async (ctx,next)=>{
    console.log('a1')
    await next()
    console.log('a1~~~')
```

```
}
const a2=async (ctx,next)=>{
    console.log('a2')
    await next()
    console.log('a2~~~')
}
const a3=async (ctx,next)=>{
    console.log('a3')
    next()
    await promiseFn()
}
//注册全局中间件
app.use(a1)
app.use(a2)
app.use(a3)
//设置端口号
app.listen(80,()=>{
    console.log('服务器已启动，请访问 http://127.0.0.1')
})
```

代码解析：

a3 字面量函数中包含异步操作，需要使用 async 修饰。异步代码使用 await 修饰，但 await 不能直接修饰异步代码，只能修饰 promise，所以需要把异步操作先封装成 promise，也就是 promiseFn()。

a2 和 a1 字面量函数中并没有异步操作，但也要使用 async 和 await 修饰。这是因为 a2 中 next()指向的是 a3 字面量函数，a3 中包含了异步操作，所以要使用 await 先等待 a3 执行完成。同理，a1 字面量函数也要使用 async 和 await 修饰。

为了方便，可以把所有的中间件函数都使用 async 进行修饰。中间件中若包含异步操作，则需要使用 await 修饰；即便是不包含异步操作，使用 async 修饰也不会影响执行结果。

9.10　错误类型中间件

为了防止项目中出现异常错误，导致程序崩溃，可在项目中定义错误类型中间件，以捕获错误。

在 Koa 框架中捕获错误有两种形式，第一种是使用 app.on()监听 error 错误事件，示例代码如下：

```
//导入 Koa 框架
const Koa=require('koa')
//创建服务器示例
const app=new Koa()
//导入路由
const Router=require('koa-router')
```

```
//创建路由实例
const router=new Router()
//定义接口地址
router.get('/',async ctx=>{
    //抛出服务器错误
    ctx.throw(500)
})
//将路由注册成全局中间件
app.use(router.routes())
//监听错误
app.on('error',err=>{
    console.log('服务器错误: 'err.message)
})
//设置端口号，启动服务器
app.listen(80,()=>{
    console.log('服务器启动成功')
})
```

代码解析：

当客户端访问 http://127.0.0.1 时，服务器端会通过 ctx.throw()抛出错误。如果没有定义错误类型中间件，程序会直接崩溃，不再继续往下执行。

上述代码使用 app.on()监听 error 错误，所以即使代码出现错误，程序也不会崩溃。终端的打印结果如图 9-11 所示。

从图 9-11 中可以看出，ctx.throw(500)错误已经被捕获到，这是捕获错误的第一种形式。

捕获错误的第二种形式是自定义错误类型中间件，示例代码如下：

```
问题    输出    调试控制台    终端

[nodemon] starting `node .\03app.js`
服务器启动成功
服务器错误:  Internal Server Error
```

图 9-11   错误类型中间件捕获错误

```
//导入 Koa 框架
const Koa=require('koa')
//创建服务器示例
const app=new Koa()
//导入路由
const Router=require('koa-router')
//创建路由实例
const router=new Router()
//定义错误类型中间件处理函数
const errFn=async (ctx,next)=>{
    try{
        await next()
    }catch(err){
        //响应给客户端提示
        ctx.body=err.message
        //响应在终端的提示
        console.log('自定义错误类型中间件: ',err.message)
```

```
    }
}
//定义接口地址
router.get('/',async ctx=>{
    //抛出服务器错误
    ctx.throw(500)
})
//定义全局错误类型中间件
app.use(errFn)
//将路由注册成全局中间件
app.use(router.routes())
//监听错误
app.on('error',err=>{
    console.log('服务器错误: ',err)
})
//设置端口号，启动服务器
app.listen(80,()=>{
    console.log('服务器启动成功')
})
```

代码解析：

上述代码中定义了 errFn 错误类型中间件处理函数，使用 try...catch 语句捕获错误。在 try 中设置待执行的中间件或者路由接口，next()表示的就是要执行的代码。在 catch 中设置分别响应给客户端和服务器的提示信息。

🔊 **注意**：在使用 app.use()将 errFn 函数注册成全局中间件时，需要考虑 app.use(errFn)的位置位于所有全局中间件的最上方还是最下方。

自定义错误类型中间件需在全局中间件的最上方进行定义。根据 Koa 框架的洋葱模型，代码从上往下执行，遇到 next()之后立即执行下一个中间件，等到所有中间件执行完成之后再执行第一个中间件中 next()之后的代码，也就是 catch 中的代码。

另一个注意事项是，上述代码中既有自定义错误类型中间件，又有 app.on()监听错误事件，那么最终以哪一个为准呢？运行上述代码，终端的打印结果如图 9-12 所示。

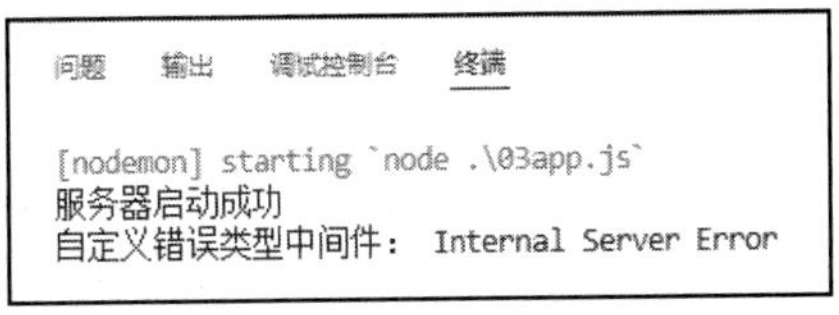

从图 9-12 中可以看出，如果使用了自定义错误类型中间件，则不会执行 app.on()监听错误事件。当然，我们也可以在自定义错误类型中间件中手动触发 app.on()监听的错误事件，示例代码如下：

```
问题    输出    调试控制台    终端

[nodemon] starting `node .\03app.js`
服务器启动成功
自定义错误类型中间件: Internal Server Error
```

图 9-12　自定义错误类型中间件

```
const errFn=async (ctx,next)=>{
    try{
        await next()
    }catch(err){
        //响应给客户端提示
        ctx.body=err.message
```

```
    //响应在终端的提示
    console.log('自定义错误类型中间件: ',err.message)
    //手动触发 app.on()事件
    ctx.app.emit('error',err.message)
  }
}
```

重新运行程序，终端的打印结果如图 9-13 所示。

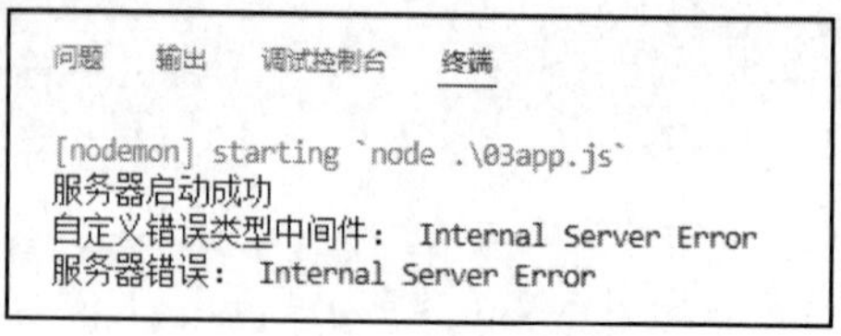

图 9-13　手动触发 app.on()事件

通过图 9-13 可以看出，自定义错误类型中间件和 app.on()监听错误事件捕获异常错误是同时触发的。

9.11　接　口　跨　域

和 Express 框架相同，使用 Koa 框架定义的接口默认也不支持跨域，但可以使用 CORS 中间件解决接口跨域问题。

运行下述命令，安装 CORS 中间件。

```
npm i koa2-cors
```

在入口文件中导入 CORS，并在路由模块使用之前注册全局中间件。示例代码如下：

```
//导入 Koa 框架
const Koa=require('koa')
//创建 Web 服务器
const app=new Koa()
//导入 CORS
const cors=require('koa2-cors')
//导入 user.js 路由自定义模块
const route_user=require('./user/user')
//将 cors 注册成全局中间件
app.use(cors())
//将路由模块注册成全局中间件
app.use(route_user.routes())
//设置端口号，服务器启动成功之后调用回调函数
app.listen(80,()=>{
    console.log('服务器已启动，请访问 http://127.0.0.1')
})
```

◀ 注意：CORS 中间件的版本不能太低，建议使用 koa2-cors 版本。

除了使用第三方 CORS 中间件解决跨域问题，还可以使用自定义中间件解决跨域问题。
示例代码如下：

```
//导入 Koa 框架
const Koa=require('koa')
//创建 Web 服务器
const app=new Koa()
//自定义中间件解决跨域问题
const corsFn=async (ctx,next)=>{
    ctx.set('Access-Control-Allow-Origin','*')
    await next()
}
//导入 user.js 路由自定义模块
const route_user=require('./user/user')
//将字面量函数 corsFn 注册成全局中间件
app.use(corsFn)
//将路由模块注册成全局中间件
app.use(route_user.routes())
//设置端口号，服务器启动成功之后调用回调函数
app.listen(80,()=>{
    console.log('服务器已启动，请访问 http://127.0.0.1')
})
```

代码解析：

使用 app.use()将字面量函数 corsFn 注册成全局中间件。定义在路由之前，当客户端发
送的请求到达服务器时，首先执行的是 app.use(corsFn)，解决跨域问题。

9.12　身　份　认　证

身份认证是项目中必不可少的一个功能。在学习 Express 框架时，已经详细讲解了什
么是身份认证、Web 开发模式等知识点，本节讲解如何在 Koa 框架中进行身份认证。

9.12.1　koa-session 认证

什么是 Session 认证，以及 Session 认证的原理，相信大家在学习 express-session 时已
经掌握，下面直接讲解 koa-session 的使用方法。

运行下述命令，安装 koa-session。

```
npm i koa-session
```

koa-session 安装成功之后，在入口文件中导入 Session，并将 Session 注册成全局中间件，示例代码如下：

```
const Koa=require('koa')
const app=new Koa()
//导入 koa-session
const session=require('koa-session')
//用任意字符串对 Session 进行加密
app.keys = ['some secret hurr']
//Session 配置选项（官方提供）
const CONFIG = {
    key: 'koa.sess',              //Session 的名字
    maxAge: 86400000,             //过期时间
    autoCommit: true,
    overwrite: true,
    httpOnly: true,               //不允许在客户端操作 cookie
    signed: true,                 //数字签名，保证数据不被篡改
    rolling: false,               //过期时间延期
    renew: false,                 //重新创建
    secure: true,                 //如果设置成 true，必须以 https 的形式调用接口
    sameSite: null,
};
//将 Session 注册成全局中间件
app.use(session(CONFIG, app));

//导入 user.js 路由自定义模块
const route_user=require('./user/user')
//将路由模块注册成全局中间件
app.use(route_user.routes())
//设置端口号，服务器启动成功之后调用回调函数
app.listen(80,()=>{
    console.log('服务器已启动，请访问 http://127.0.0.1')
})
```

代码解析：

app.keys 的作用是使用任意字符串对 Session 进行加密。常量 CONFIG 配置对象为官方提供的默认配置，没有特殊情况，不需要进行修改。最后，使用 app.use()将 Session 注册成全局可用的中间件。

koa-session 中间件配置成功之后，即可通过 ctx.session 存储用户信息。接下来，我们来模拟用户登录接口。

接口描述：客户端发送 POST 请求，在请求体中携带用户名 username、密码 password 这两个参数，如果 username 的值为 admin，password 的值为 123456，则表示登录成功，服

务器把用户信息保存到 Session 中，并打开 user/user.js 路由文件。示例代码如下：

```
//测试用户登录
router.post('/test_login',async ctx=>{
    //获取客户端请求体数据
    //必须提前配置 koa-bodyparser 第三方模块
    const userInfo=ctx.request.body
    //判断 username 是否为 admin, password 是否为 123456
    if(userInfo.username!=='admin'||userInfo.password!=='123456'){
        return ctx.body={status:1,message:'用户名或密码错误'}
    }
    //登录成功...
    //将用户信息保存到 Session 对象
    ctx.session.user=userInfo
    //在 Session 对象中保存登录状态
    ctx.session.islogin=true
    ctx.body='登录成功'
})
```

代码解析：

如果没有执行 if 语句，则表示用户登录成功。登录成功之后，通过 ctx.session 获取到 Session 对象，将用户信息和用户状态以自定义属性的形式保存到 Session 对象中，并响应给客户端。

注意：未安装 koa-session 中间件之前，ctx 中不存在 Session 对象。

9.12.2　从 Session 中读取数据

从 Session 中读取数据，也是使用 ctx.session 对象获取。下面我们来模拟判断用户是否已登录接口。

1. 判断用户是否登录接口

接口描述：根据 Session 对象中的 islogin 属性判断用户是否登录成功。

示例代码如下：

```
//根据 Session 判断用户是否登录成功
router.get('/user_islogin',async ctx=>{
    //判断 Session 中的 islogin 属性
    if(!ctx.session.islogin){
        return ctx.body={status:1,message:'未登录'}
    }
    //已登录...
    ctx.body={status:0,message:ctx.session.user}
})
```

代码解析：

用户登录成功之后，会把 Session 中的数据响应给客户端，客户端使用 Cookie 保存，当客户端第二次发送请求时，Cookie 中的数据会自动发送到服务器。服务器进行 Session 验证，如果用户已登录，则把用户信息响应给客户端。

通过 Postman 工具测试是否登录接口，测试结果如图 9-14 所示。

图 9-14　获取 Session 中的用户信息

2. 清空 Session

当用户注销登录时，服务器中保存的 Session 信息需要同步进行删除。接下来我们模拟用户注销登录接口。

接口描述：客户端请求"/logout"接口，清空服务器中的 Session。

示例代码如下：

```
//清空 Session
router.get('/logout',async ctx=>{
    //清空 Session
    ctx.session.user=''
    ctx.session.islogin=false
    ctx.body={status:0,message:'退出登录'}
})
```

9.12.3　JWT 认证

如果是前后端分离的 Web 开发模式，建议使用 JWT 进行身份认证。因为 Session 认证需要配合客户端 Cookie，而 Cookie 默认是不支持跨域访问的。前后端分离的 Web 开发模式基本都需要跨域访问，所以不建议使用 Session 认证。

JWT 认证的原理在 Express 框架中已经详细介绍过，本节直接在项目中使用 JWT 认证。

首先是安装两套包，安装命令如下：

```
npm install jsonwebtoken
npm install koa-jwt
```

其中，jsonwebtoken 的作用是生成 JWT 字符串，koa-jwt 的作用是将 JWT 字符串还原成 JSON 对象。

在入口文件中导入 koa-jwt，示例代码如下：

```
//用于还原客户端发送的 JWT 字符串
const koaJWT=require('koa-jwt')
```

1. 定义 secret 密钥

为了防止 JWT 字符串在传输的过程中被破解，需要定义一个用于加密和解密的 secret 密钥。

secret 密钥的本质就是一个字符串，可以随意填写。因为加密是在路由中操作，而解密是在入口文件中操作，所以在根目录下新建 config.js 文件，将 secret 密钥定义到 config.js 文件中。示例代码如下：

```
module.exports={
    secretKey:'HelloWord!@'
}
```

2. 生成 JWT 字符串

通过 jsonwebtoken 提供的 sign()方法生成 JWT 字符串，业务场景是当用户登录成功之后再生成 JWT 字符串，并且响应给客户端。接下来模拟登录接口。

接口描述：客户端请求 http://127.0.0.1/api/user_login 接口地址，请求方式为 POST，在请求体中携带用户名 username、密码 password 这两个参数，如果 username 的值为 admin，password 的值为 123456，则表示登录成功，服务器生成 JWT 字符串响应给客户端。

打开 user/user.js 路由模块，定义接口并生成 JWT 字符串。示例代码如下：

```
//用于生成 JWT 字符串
const jwt=require('jsonwebtoken')
//导入加密密钥
const config=require('../config')
//用户登录成功，生成 JWT 字符串
router.post('/user_login',async ctx=>{
    //使用 bodyparser 获取客户端发送的请求体数据
    const userInfo=ctx.request.body
    //判断用户名是否为 admin，密码是否为 123456
    if(userInfo.username!=='admin'||userInfo.password!=='123456'){
```

```
    return ctx.body={status:1,message:'用户名或密码错误'}
}
//...登录成功
ctx.body={
    status:0,
    message:'登录成功',
    //生成 JWT 字符串,
    token:jwt.sign({username:userInfo.username},config.secretKey,
{expiresIn:'24h'})
    }
})
```

代码解析：

（1）用户登录成功之后，服务器通过 ctx.body 向客户端响应内容，其中 token 属性就是加密之后的 JWT 字符串。

（2）调用 jwt.sign()方法生成 JWT 字符串，在方法中需要传入 3 个参数，第 1 个参数是用户信息对象，第 2 个参数是 secret 加密密钥，第 3 个参数是配置对象。

（3）在配置对象中，expiresIn 属性的作用是设置 JWT 字符串的有效期。当前设置的有效期为 24 小时，24 小时之后，当前 Token 字符串将作废。

通过 Postman 工具测试登录接口，测试结果如图 9-15 所示。

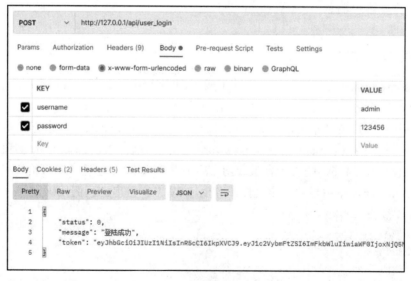

图 9-15　登录成功生成 Token 字符串

3. 还原 JWT 字符串

当客户端发送有权限的请求接口时，需要在请求头中添加 Authorization 字段，将 Token 字符串发送到服务器上，进行身份验证。

服务器端通过 koa-jwt 中间件将客户端发送的 Token 还原成 JSON 对象,示例代码如下:

```
//导入 secret 密钥
const config=require('./config')
//用于还原客户端发送的 JWT 字符串
const koaJWT=require('koa-jwt')
app.use(koaJWT({secret:config.secretKey})).unless({path:[/^\/api\//]}))
```

代码解析:

(1)调用 app.use()方法注册全局中间件。

(2)调用 koaJWT({secret:config.secretKey})配置解析 Token 的中间件。

(3)调用.unless({path:[/^\/api\/]})指定哪些接口不需要访问权限,当前设置为"/api"开头的接口不需要访问权限。

9.12.4　测试 JWT 认证

koa-jwt 中间件配置完成之后,使用 ctx.state.user 对象可以获取从 JWT 字符串中解析出来的用户信息。

正常来说,ctx 中是没有 state.user 对象的。只有当 koa-jwt 中间件配置成功之后,ctx 中才会有 state.user 对象,state.user 对象中就包含了解析完成的用户信息。

接口描述:客户端登录成功之后,请求 http://127.0.0.1/getuser,服务器响应解密之后的用户信息。

示例代码如下:

```
//导入路由模块
const Router=require('koa-router')
//创建路由实例对象
const router=new Router()
//测试 jwt 解密内容
router.get('/getdata',async ctx=>{
    //使用 ctx.state.user 获取解密之后的用户信息
    const userInfo=ctx.state.user
    ctx.body={
        status:0,
        message:'解密 JWT 字符串成功',
        data:userInfo
    }
})
module.exports=router
```

通过 Postman 工具测试"/getdata"接口,测试结果如图 9-16 所示。

📢 注意:只要不是以/api 开头的接口地址,首先需要判断用户是否登录成功,所以客户端发送请求时,需要在请求头中携带 Authorization 字段,其值就是 Token 字符串。

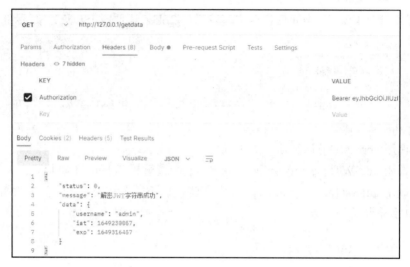

图 9-16　JWT 认证

JWT 认证配置成功之后，为保证程序正常运行，可通过定义错误类型中间件来捕获异常错误。示例代码如下：

```
//定义错误类型中间件处理函数
const errFn=async (ctx,next)=>{
    try{
        await next()
    }catch(err){
        if(err.name=='UnauthorizedError'){
            return ctx.body={status:1,message:'token 错误'}
        }
        //其他错误...
        ctx.body=err.message
    }
}
app.use(errFn)
```

代码解析：

如果 err.name 是 UnauthorizedError，则说明 Token 过期或者是伪造的 Token，此时会被错误类型中间件捕获，把错误原因响应给客户端，所以不会导致程序崩溃。

9.13　在 Koa 中操作 MySQL

目前为止，我们使用 Koa 框架操作的都是静态数据。本节将讲解如何在 Koa 框架中使用 MySQL 数据库进行数据持久化。

运行下述命令，安装 mysql 第三方模块。

```
npm install mysql
```

mysql 模块安装成功之后，需要在项目中配置 mysql。在根目录下新建 db 文件夹，在 db 文件夹中新建 index.js 文件，用来保存数据库连接对象。

将数据库连接对象封装成一个独立模块，后期哪个模块需要操作数据库，只需要调用 index.js 文件即可。示例代码如下：

```
//导入 mysql 模块
const mysql=require('mysql')
const pool = mysql.createPool({
    //数据库 ip 地址
    host:'9.252.164.181',
    //数据库账号
    user:'webedu',
    //数据库密码
    password:'5b2NxdXGBmKN3H8c',
    //数据库名称
    database:'webedu'
})
//返回 Promise，使用连接池，连接查询 mysql
const query = function(sql, params) {
  return new Promise((resolve, reject) => {
    pool.getConnection(function(err, connection) {
      if (err) {
        reject(err)
      } else {
        connection.query(sql, params, (err, rows) => {
          if (err) {
            reject(err)
          } else {
            resolve(rows)
          }
          connection.release()
        })
      }
    })
  })
}
module.exports=query
```

9.14　Koa 框架项目实践

下面一起来开发一个规范的登录和注册接口，通过登录和注册功能把 Koa 框架、

MySQL 数据库，以及各种第三方中间件的应用融会贯通起来。为了便于学习，我们从零开始搭建整个项目的框架，希望读者能扎实地掌握项目的开发流程。

9.14.1　初始化项目

初始化项目分为如下 3 个步骤：

（1）初始化包管理配置文件。

（2）安装 Koa 框架。

（3）创建 app.js 入口文件并初始化代码。

新建 koa_node 文件夹作为项目站点，在终端打开 koa_node 站点，运行下述命令初始化包管理配置文件。

```
npm init
```

在初始化包管理配置文件的过程中，一直按 Enter 键继续下一步操作即可。

运行下述命令安装 Koa 框架，然后新建 app.js 文件并进行项目初始化，示例代码如下：

```
npm install koa
//导入 Koa 框架
const Koa=require('koa')
//创建服务器实例对象
const app=new Koa()
//设置端口号，并设置成功的回调
app.listen(80,()=>{
    console.log('服务器启动成功，请访问 http://127.0.0.1')
})
```

9.14.2　配置常用中间件

正式开发功能之前，一般需要配置 3 个常用中间件，分别是 CORS 跨域中间件、koa-bodyparser 解析表单数据中间件和错误类型中间件。

1. 配置 CORS 跨域中间件

运行下述命令安装 CORS 中间件。

```
npm install koa2-cors
```

在 app.js 入口文件导入并配置 CORS，示例代码如下：

```
//导入 koa2-cors
const cors=require('koa2-cors')
//将 CORS 注册成全局可用的中间件
app.use(cors())
```

2. 配置 koa-bodyparser 解析表单数据中间件

运行下述命令安装 koa-bodyparser 中间件。

```
npm i koa-bodyparser
```

在 app.js 入口文件导入并配置 koa-bodyparser，示例代码如下：

```
//导入 koa-bodyparser
const bodyParser=require('koa-bodyparser')
//将 bodyParser 注册成全局可用的中间件
app.use(bodyParser())
```

koa-bodyparser 配置完成之后，客户端发送的 urlencoded 格式的表单数据将会挂载到 ctx.request.body 中。

3. 配置自定义错误类型中间件

为了防止程序崩溃，我们使用错误类型中间件来捕获异常错误。可以使用 app.on()监听异常错误，也可以自定义错误类型中间件来捕获错误。

我们使用自定义中间件的形式来捕获错误，示例代码如下：

```
//定义错误类型中间件处理函数
const errFn=async (ctx,next)=>{
    try{
        await next()
    }catch(err){
        //将错误原因响应给客户端
        ctx.body={
            status:1,message:err.message
        }
    }
}
//将自定义中间件注册成全局中间件
app.use(errFn)
```

注意：错误类型中间件需要注册在路由之前，以监听所有路由接口。

9.14.3　初始化路由模块

在根目录下新建 router 和 router_fn 文件夹，用于存放路由模块。其中，router 文件夹用来存放客户端请求地址和事件处理函数之间的映射关系；router_fn 文件夹用来存放路由事件处理函数。

在 router 文件夹下新建 user.js 文件，用于存放用户的登录和注册路由接口。

安装 koa-router 路由模块，并进行路由模块初始化。示例代码如下：

```
npm install koa-router
```

```
//导入路由模块
const Router=require('koa-router')
//新建路由实例对象
const router=new Router({
    //给接口添加/api 统一前缀
    prefix:'/api'
})
//注册接口
router.post('/register',async ctx=>{
    ctx.body={status:0,message:'register OK'}
})
//登录接口
router.post('/login',async ctx=>{
    ctx.body={status:0,message:'login OK'}
})
//共享 router 路由实例对象
module.exports=router
```

打开 app.js 入口文件，导入 user.js 路由模块，示例代码如下：

```
//导入 user.js 路由模块
const user_router=require('./router/user')
//将路由模块注册成全局可用的中间件
app.use(user_router.routes())
//优化 405 和 501 提示
app.use(user_router.allowedMethods());
```

在终端运行 app.js 文件，通过 Postman 工具测试登录和注册接口是否开通，测试结果如图 9-17 所示。

图 9-17　测试接口

从图 9-17 中可以看出，登录和注册接口准备工作已完成。

9.14.4　安装 mysql 模块

注册的用户名和密码要真实保存到 MySQL 数据库中。这里，数据库还是采用 webedu 数据库，数据表使用 db_user 表。表结构如图 9-18 所示。

名	类型	长度	小数点	不是 null	键
id	int	11		☑	🔑1
username	varchar	255		☑	
password	varchar	255		☑	

图 9-18　db_user 表结构

要想在项目中操作数据库，需要安装 mysql 第三方模块并连接到数据库。运行下述命令，安装 mysql 模块。

```
npm install mysql
```

mysql 安装成功后，需要配置 mysql，配置步骤分为以下两步：

（1）在根目录下新建 db 文件夹，然后新建 index.js 文件，用来保存数据库连接对象。

（2）配置数据库连接对象，示例代码如下：

```
//导入 mysql 模块
const mysql=require('mysql')
const pool = mysql.createPool({
    //数据库 ip 地址
    host:'9.252.164.181',
    //数据库账号
    user:'webedu',
    //数据库密码
    password:'5b2NxdXGBmKN3H8c',
    //数据库名称
    database:'webedu'
})
//返回 Promise，使用连接池，连接查询 mysql
const query = function(sql, params) {
    return new Promise((resolve, reject) => {
        pool.getConnection(function(err, connection) {
            if (err) {
                reject(err)
            } else {
                connection.query(sql, params, (err, rows) => {
                    if (err) {
                        reject(err)
                    } else {
                        resolve(rows)
                    }
                    connection.release()
```

```
        })
      }
    })
  })
}
//共享数据库连接对象
module.exports=query
```

9.14.5　实现注册 API 接口

项目初始化完成之后，还需要在事件处理函数中实现注册功能。

实现注册功能分为以下 4 步：

（1）检测客户端提交的表单数据是否合法。

（2）查询用户名是否被占用。

（3）对密码进行加密。

（4）将客户端提交过来的表单数据存入数据库。

第 1 步，检测客户端提交的表单数据是否合法。

服务器端作为操作数据库的最后一步，不仅要检测用户是否提交了数据，还要检测提交的数据是否合法，如检测字符串长度是否合适、是否包含特殊字符等信息。

在 npmjs.com 中提供了 joi 第三方模块，以验证表单数据是否合法。

运行下述命令，安装 joi 模块。

```
npm install joi
```

打开 router/user.js 路由模块，当前路由对应关系和事件处理函数都位于同一个模块中，为了方便后期维护，需要把事件处理函数单独抽离成一个模块。

新建 router_fn 目录，在目录中新建 user.js 模块，存放登录和注册接口的事件处理函数，初始化代码如下：

```
//共享注册接口处理函数
exports.register=async ctx=>{
    ctx.body={status:0,message:'register OK'}
}
//共享登录接口处理函数
exports.login=async ctx=>{
    ctx.body={status:0,message:'login OK'}
}
```

返回 router/user.js 路由模块，引用事件处理函数模块，示例代码如下：

```
//导入事件处理函数模块
const routerFn=require('../router_fn/user')
//注册接口
router.post('/register',routerFn.register)
//登录接口
```

```
router.post('/login',routerFn.login)
```

接下来，在注册接口的事件处理函数中使用 joi 模块验证客户端提交的用户名和密码是否合法，示例代码如下：

```
const Joi=require('joi')
exports.register=async ctx=>{
    //第 1 步验证用户名和密码是否合法
    //获取客户端提交的表单数据
    const userInfo=ctx.request.body
    //定义验证规则对象
    const register_schema=Joi.object({
        username:Joi.string().alphanum().min(6).max(12).required(),
        password:Joi.string().pattern(/^[\S]{6,15}$/).required()
    })
    //调用.validate()方法传入需要校验的值
    //如果校验成功，则返回 value 对象
    //如果校验失败，则返回 error 对象
    const {value,error}=register_schema.validate(userInfo)
    //判断校验结果是否包含 error 对象
    if(error){
        return ctx.body={status:1,message:error.message}
    }
    //...第 2 步
    }
```

注意： joi 模块在第 13 章的新闻管理系统中会进行详细讲解，在当前案例中，读者了解其使用方法即可。

通过 Postman 工具验证表单数据是否合法，如将 username 属性填写成 ad，测试结果如图 9-19 所示。

图 9-19　验证表单数据是否合法

第 2 步，查询用户名是否存在。

客户端提交的用户名和密码不能立即插入数据库中，应该先查询数据库中的数据是否存在。其实现思路分为两步，首先导入 db/index.js 数据库连接模块，然后定义查询 SQL 语句，示例代码如下：

```
//第2步:查询用户名是否存在
const sql=`select * from db_user where username='${userInfo.username}'`
const result=await db(sql)
if(result.length>0){
    ctx.body={status:1,message:'用户名已存在'}
}
```

代码解析：

查询数据库属于异步操作，使用 await 语法等待查询结果，await 只能等待 promise 对象，所以在 db/index.js 模块中封装的查询方法最终返回的是 promise 对象。

第 3 步，对客户端提交的密码进行加密。

判断用户名是否可用之后，为了确保数据的安全性，接下来进入第 3 步，对客户端提交的密码进行加密。

对密码进行加密，推荐使用 bcryptjs 模块，使用 bcryptjs 模块对密码加密有以下两个优点：

（1）加密之后的密码不能进行逆向破解，从而提高加密安全性。

（2）同样的密码进行加密，加密之后的结果是不同的。

运行下述命令安装 bcryptjs。

```
npm install bcryptjs
```

在 routerFn/user.js 事件处理函数顶部导入 bcryptjs 模块，代码如下：

```
//导入bcryptjs模块
const bcrypt=require('bcryptjs')
```

使用 bcrypt.hashSync()方法进行密码加密，示例代码如下：

```
//使用bcryptjs模块对密码进行加密
    //原密码
    console.log('原密码: ',userInfo.password)
    userInfo.password=bcrypt.hashSync(userInfo.password,10)
    //加密之后的密码
    console.log('加密密码: ',userInfo.password)
```

代码解析：

bcrypt.hashSync()方法需要传入两个参数，第 1 个参数为客户端提交的明文密码，第 2 个参数是随机延长度，作用是提高密码安全性。

bcrypt.hashSync()方法的返回值为加密完成之后的密码，上述代码将加密的代码重新赋值给 userInfo.password。

通过 Postman 工具发送请求，测试 bcryptjs 模块是否配置成功，终端打印结果如图 9-20 所示。

图 9-20　使用 bcryptjs 模块加密

第 4 步，实现注册功能。

注册功能的最后一步是把客户端提交的用户名和密码增加到数据库中，定义 SQL 语句并执行，示例代码如下：

```
//定义带执行的 SQL 插入语句
   const sqlstr=`insert into db_user set username='${userInfo.username}',
password='${userInfo.password}'`
   //执行 SQL 语句
   const insert_res=await db(sqlstr)
   //SQL 语句执行成功但是影响行数不等于 1
   if(insert_res.affectedRows!==1){
       return ctx.body={status:1,message:'注册失败'}
   }
   //注册成功
   ctx.body={status:0,message:'注册成功'}
```

到此为止，注册 API 接口的开发已完成，通过 Postman 工具进行接口测试，测试结果如图 9-21 所示。

```
POST     v    http://127.0.0.1/api/register

Params   Authorization   Headers (8)   Body ●   Pre-request Script   Tests   Settings

● none   ● form-data   ● x-www-form-urlencoded   ● raw   ● binary   ● GraphQL

    KEY                                              VALUE
☑   username                                         admin11
☑   password                                         123456
    Key                                              Value

Body   Cookies   Headers (7)   Test Results

Pretty   Raw   Preview   Visualize   JSON  v

1
2     "status": 0,
3     "message": "注册成功"
4
```

图 9-21　测试注册 API 接口

从图 9-21 可以看出，注册 API 接口开发已完成。

9.14.6　登录 API 接口

打开 router/user.js 路由模块，接口的路由对应关系前面已经创建完成。

要想在事件处理函数中实现登录功能，需要通过以下 4 步：

（1）检查用户提交的表单数据是否合法。

（2）根据客户端提交的用户名，查询用户是否存在。

（3）判断用户提交的密码和数据库中保存的密码是否一致。

（4）使用 JWT 生成 Token 字符串。

第 1 步，检查用户提交的表单数据是否合法。

客户端提交的表单数据为用户名和密码，和开发注册 API 验证的表单数据是一致的。打开 router_fn/user.js 事件处理函数模块，使用 joi 第三方模块验证表单数据，示例代码如下：

```javascript
exports.login = async ctx => {
    //第1步验证用户名和密码是否合法
    //获取客户端提交的表单数据
    let userInfo = ctx.request.body
    //定义验证规则对象
    const register_schema = Joi.object({
        username: Joi.string().alphanum().min(6).max(12).required(),
        password: Joi.string().pattern(/^[\S]{6,15}$/).required()
    })
    //调用.validate()方法传入需要校验的值
    //如果校验成功，则返回 value 对象
    //如果校验失败，则返回 error 对象
    const {value,error} = register_schema.validate(userInfo)
    //判断校验结果是否包含 error 对象
    if (error) {
        return ctx.body = {
            status: 1,
            message: error.message
        }
    }
}
```

第 2 步，根据客户端提交的用户名，查询用户是否存在。

客户端发送的表单数据合法，将进入第 2 步，根据用户名查询当前用户是否存在。在事件处理函数中定义 SQL 语句并执行，示例代码如下：

```javascript
//第2步：根据用户名查询当前用户是否存在
    const sql=`select * from db_user where username='${userInfo.username}'`
    const result=await db(sql)
    if(result.length!==1){
        return ctx.body={status:1,message:'用户名不存在'}
```

```
    }
```

代码解析：

select 语句的查询结果是数组，如果数组的长度不等于 1，则表示用户数据异常，将终止程序。

通过 Postman 工具发送用户名为 admin999 的不存在用户，测试结果如图 9-22 所示。

图 9-22　发送不存在的用户

通过图 9-22 可以看出，查询用户是否存在的 SQL 语句执行成功。

第 3 步，查询用户输入的密码是否正确。需要注意的是，用户输入的密码和数据库中保存的密码不能直接进行比较，因为数据库中保存的是加密之后的密码，要调用 bcrypt.compareSync()方法进行密码比较。

bcrypt.compareSync()方法中传入两个参数，第 1 个参数为用户提交的密码，第 2 个参数为数据库中的密码。该方法的返回值为布尔类型，true 表示比较的结果一致，false 表示比较的结果不一致。示例代码如下：

```
//第 3 步：查询密码是否正确
const pwdRes=bcrypt.compareSync(userInfo.password,result[0].password)
if(!pwdRes){
    return ctx.body={status:1,message:'密码错误'}
}
```

第 4 步，使用 JWT 生成 Token 字符串。

如果用户密码输入正确，则登录成功。一个规范的项目需要做权限认证，使用 JWT 认证生成 Token 字符串，响应给客户端，实现步骤分为以下 5 步：

（1）获取需要响应给客户端的用户信息。

（2）安装生成 Token 字符串的模块。

（3）创建 secretKey 密钥。

（4）调用 jwt.sign()方法，生成 Token 字符串。

（5）将 Token 字符串响应给客户端。

首先获取要响应给客户端的用户信息，代码如下：

```
//第 4 步:生成 Token 字符串
    //获取要响应给客户端的信息
    const user={username:result[0].username}
```

代码解析：在实际项目开发中，为确保安全性，只需把用户名响应给客户端，密码不能响应给客户端。

然后安装 jsonwebtoken 模块，用于生成 Token 字符串。安装命令如下：

```
npm install jsonwebtoken
```

模块安装成功之后，在事件处理函数中导入 jsonwebtoken 模块，示例代码如下：

```
//导入 jsonwebtoken,用于生成 Token 字符串
const jwt=require('jsonwebtoken')
```

为了增加 Token 字符串的安全性，接下来定义 secretKey 密钥进行加密和解密。由于加密和解密不是在同一个文件中操作，因此在根目录下创建 config.js 配置文件，在配置文件中定义 secretKey 密钥。示例代码如下：

```
module.exports={
    secretKey:'HelloWord!@'
}
```

返回 routerFn/user.js 事件处理函数，导入 config.js 全局配置文件，示例代码如下：

```
//导入 config.js 全局配置文件,获取 secretKey 密钥
const config=require('../config')
```

调用 jwt.sign()方法生成 Token 字符串，示例代码如下：

```
//生成 Token 字符串
    const tokenStr=jwt.sign(user,config.secretKey,{expiresIn:'24h'})
```

代码解析：

在 jwt.sign()方法中传入了 3 个参数，第 1 个参数为加密的数据对象，第 2 个参数为 secretKey 密钥，第 3 个参数为 Token 字符串的有效期，当前设置的有效期为 24 小时。

最后将生成的 Token 字符串响应给客户端，示例代码如下：

```
//登录成功将 Token 字符串响应给客户端
    ctx.body = {
        status: 0,
        message:'登录成功',
        token:'Bearer '+tokenStr
    }
```

代码解析:

Token 字符串在客户端使用的时候需要加上"Bearer "前缀，这是为了方便客户端使用 Token，所以直接把前缀拼接上了。

通过 Postman 工具测试登录接口，测试结果如图 9-23 所示。

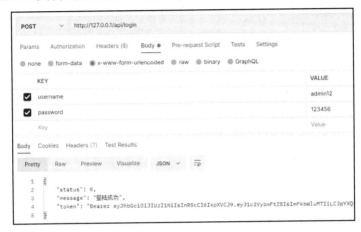

图 9-23　生成 Token 字符串

从图 9-23 可以看出，当用户登录成功之后，服务器可以响应给客户端 Token 字符串。

9.14.7　Token 解密

客户端发送有权限的请求接口时，需要在请求头中携带 Authorization 字段发送 Token 字符串。服务器通过 koa-jwt 模块将客户端发送的 Token 还原成 JSON 对象。

打开 app.js 入口文件，导入 koa-jwt 模块和密钥，示例代码如下:

```
//获取 secretKey 密钥
const config=require('./config')
//导入解析 token 的中间件
const koaJWT=require('koa-jwt')
```

使用 app.use()注册全局中间件，使用 unless()指定哪些接口不需要进行 Token 身份认证，示例代码如下:

```
app.use(koaJWT({secret:config.secretKey})).unless({path:[/^\/api/]}))
```

JWT 认证配置成功之后，为确保程序能正常运行，需要定义错误类型中间件，以捕获 JWT 错误，示例代码如下:

```
//定义错误类型中间件处理函数
const errFn=async (ctx,next)=>{
    try{
        await next()
    }catch(err){
```

```
    //jwt 认证失败
    if(err.name=='UnauthorizedError'){
        return ctx.body={
            status:1,message:'Token 认证失败'
        }
    }
    //其他错误
    ctx.body={
        status:1,message:err.message
    }
  }
}
```

通过 Postman 工具发送一个有权限的请求接口，测试结果如图 9-24 所示。

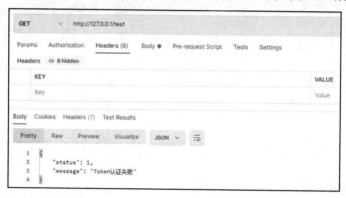

图 9-24　测试 Token 认证

注意：只要不是以"/api"开头的请求地址，都需要进行 Token 认证。

通过图 9-24 可以看出，自定义错误类型中间件配置成功，登录和注册 API 接口开发完成。

9.15　模板引擎

目前为止，我们接触的案例都是前后端分离的 Web 开发模式。但在实际项目开发中，我们经常会遇到服务器端渲染的 Web 开发模式。下面就来讲解如何使用 koa-art-template 模板引擎渲染页面数据。

运行下述命令，安装模板引擎。

```
npm install --save art-template
npm install --save koa-art-template
```

在入口文件中导入 koa-art-template 模板引擎并进行配置，示例代码如下：

```
//导入 koa-art-template 模板引擎
const render = require('koa-art-template');
//配置模板引擎
render(app, {
    //要渲染的文件目录
    root: path.join(__dirname, 'views'),
    //渲染文件的扩展名
    extname: '.html',
    debug: process.env.NODE_ENV !== 'production'
  });
```

代码解析：

root 属性用来设置待渲染文件的目录，__dirname 表示当前目录，即根目录。上述代码表示要渲染根目录中的 views 文件夹中的文件。

1. 使用模板引擎加载页面

模板引擎的第一个作用是加载静态页面。在 views 文件夹中新建 index.html 文件，当客户端访问 http://127.0.0.1/index 时，渲染 index.html 页面，示例代码如下：

```
router.get('/index',async ctx=>{
    await ctx.render('index.html')
})
```

代码解析：

配置好模板引擎后，调用 ctx.render()方法即可渲染页面。

2. 渲染页面数据

服务器端渲染的 Web 开发模式需要把真实的数据传递给客户端，客户端不需要再发送 ajax 等操作来获取数据。下面介绍服务器端如何给客户端传递数据，以及客户端如何渲染数据。

打开 app.js 入口文件，模拟要发送给客户端的数据，示例代码如下：

```
const obj={
    newsTitle:['娱乐新闻','体育新闻','科技新闻'],
    userList:[
        {name:'xm',age:20,sex:'男'},
        {name:'xh',age:18,sex:'女'},
        {name:'xq',age:25,sex:'男'}
    ],
    total:100,
    book:{name:'Node.js',price:80}
}
```

在 obj 对象中存储了常见的数据类型，包括数组、数组对象、普通字符串以及普通对象。如何把 obj 对象传递给客户端呢？示例代码如下：

```
router.get('/index',async ctx=>{
```

```
    await ctx.render('index.html',obj)
})
```

代码解析：

ctx.render()方法的第 2 个参数就是传递给客户端的数据。

打开 index.html 页面，查看如何把服务器传递的数据渲染到客户端页面上，示例代码如下：

```html
<h1>渲染 newsTitle 数组</h1>
    <ul>
        {{each newsTitle as item}}
        <li>{{item}}</li>
        {{/each}}
    </ul>
    <h1>渲染 userList 对象数组</h1>
    <ul>
        {{each userList as item}}
        <li>姓名：{{item.name}}--年龄：{{item.age}}--性别：{{item.sex}}</li>
        {{/each}}
    </ul>
    <h1>渲染 total 数字</h1>
    <p>{{total}}</p>
    <h1>渲染 book 普通对象</h1>
    <ul>
        <li>书名：{{book.name}}</li>
        <li>价格：{{book.price}}</li>
    </ul>
```

在浏览器中访问 http://127.0.0.1/index，显示结果如图 9-25 所示。

渲染newsTitle数组

- 娱乐新闻
- 体育新闻
- 科技新闻

渲染userList对象数组

- 姓名：xm--年龄：20--性别：男
- 姓名：xh--年龄：18--性别：女
- 姓名：xq--年龄：25--性别：男

渲染total数字

100

渲染book普通对象

- 书名：Node.js
- 价格：80

图 9-25　模板引擎渲染数据

由图 9-25 可知，服务器传递的数据已经成功渲染到了客户端页面上。

第 10 章

socket.io 聊天室案例

本章讲解如何使用 socket.io 模块开发一个网络聊天室。该聊天室采用服务器端渲染的模式进行开发，包含私聊、群组聊天以及显示在线人数等功能，效果如图 10-1 所示。

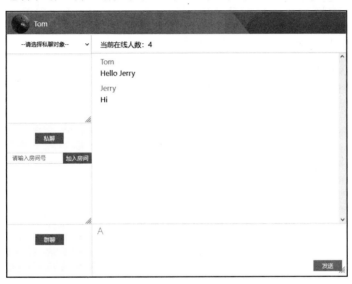

图 10-1　聊天室案例项目展示

通过本章的学习，读者不仅可以掌握 socket.io 模块的使用方法，还可以将 koa-static、koa-art-template 等中间件的使用方法融会贯通起来。

10.1　什么是 socket.io

socket.io 模块的作用是实现实时聊天，其设计机制中融合了轮询 Ajax 和 HTML5 中 websocket 的思想。

在 socket.io 模块出现之前，实时聊天的功能可以使用轮询 Ajax 的方法来实现。但是轮询 Ajax 会不停地向服务器发送请求，非常影响性能。后来，HTML5 发布了 websocket，它将先有请求再有响应的机制改成了服务器端也可以发送请求给客户端，极大地提升了性能。

但遗憾的是，websocket 在 IE 浏览器中存在兼容性问题。socket.io 模块的出现，恰能结合上述两种方法，实现实时聊天。

10.1.1 项目初始化

新建 koa_socket 站点目录，在终端执行"npm init"命令，初始化包管理配置文件。

聊天室案例采用 Koa 框架，运行"npm install koa"命令安装 Koa 框架，然后创建 app.js 入口文件，进行服务器代码初始化。示例代码如下：

```
//导入 Koa 框架
const Koa=require('koa')
//创建服务器实例对象
const app=new Koa()
//设置端口号，服务器启动成功执行回调函数
app.listen(80,()=>{
    console.log('服务器启动成功请访问 http://127.0.0.1')
})
```

1. 自定义路由模块

运行"npm install koa-router"命令安装路由模块。然后在根目录下新建 router/ user.js 文件，存放路由对应关系。路由模块初始化代码如下：

```
//导入路由模块
const Router=require('koa-router')
//创建路由实例对象
const router=new Router()
//渲染登录页面
router.get('/login',async ctx=>{
    ctx.body='login OK'
})
//共享路由实例对象
module.exports=router
```

在 app.js 入口文件中导入 user.js 路由模块，并注册全局中间件。示例代码如下：

```
//导入路由模块
const router=require('./router/user')
//将 router 模块注册成全局中间件
app.use(router.routes())
```

2. 配置 koa-bodyparser 模块

登录功能需要向服务器提交表单数据，并使用 koa-bodyparser 第三方模块解析用户提交的表单数据。运行"npm install koa-badyparser"命令安装模块并进行配置。

示例代码如下：

```
//导入 koa-bodyparser 解析表单数据模块
const bodyparser=require('koa-bodyparser')
//将 koa-bodyparser 注册成全局中间件
app.use(bodyparser())
```

3. 配置 koa-art-template 模板引擎

聊天室采用服务器端渲染的开发模式，需要大量渲染数据，使用 koa-art-template 模块可以非常方便地进行数据渲染。

运行下述命令，安装 koa-art-template 模块。

```
npm install --save art-template
npm install --save koa-art-template
```

在 app.js 入口文件中配置 koa-art-template 模板引擎，示例代码如下：

```
//导入 koa-art-template
const render = require('koa-art-template');
render(app, {
    //渲染文件存放路径
    root: path.join(__dirname, 'views'),
    //渲染文件的后缀名
    extname: '.html',
    debug: process.env.NODE_ENV !== 'production'
});
```

在根目录下新建 views 文件夹，然后新建 login.html 文件，并在登录路由中加载 login.html 文件，示例代码如下：

```
//渲染登录页面
router.get('/login',async ctx=>{
    ctx.render('login.html')
})
```

代码解析：

配置好 koa-art-template 模块后，会向 ctx 中挂载 render()方法来渲染文件。

在浏览器中访问 http://127.0.0.1/login，渲染结果如图 10-2 所示。

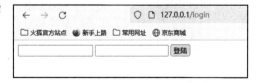

4. 配置 koa-static 模块

在项目初始化的过程中，需要配置 koa-static 模块，作用是托管静态资源。

图 10-2　模板引擎渲染页面

运行下述命令，安装 koa-static 模块。

```
npm install koa-static
```

153

在入口文件中导入 koa-static 模块并进行配置，示例代码如下：

```
//导入koa-static模块
const serve = require('koa-static')
app.use(serve(path.join(__dirname,'./views')))
```

此时，views 目录下的图片，以及 CSS、JS 等静态资源都可以正常访问，聊天室项目所有的第三方模块均已安装完成。

10.1.2　登录聊天室

在浏览器中访问 http://127.0.0.1/login，进入登录页面。用户名可随意填写，聊天室密码为 123456，单击"登录"按钮，进入聊天室。

打开 login.html 登录页面，使用 form 表单设计用户名和密码，示例代码如下：

```
<form action="/dologin" method="post">
    <input type="text" name="username" />
    <input type="text" name="password" />
    <button>登录</button>
</form>
```

在 form 表单中，action 属性用于指定路由地址，method 属性用于指定请求方式。

返回 router/user.js 路由模块，定义/dologin 路由，并获取表单数据。示例代码如下：

```
//登录聊天室
router.post('/dologin',async ctx=>{
    //获取客户端提交的用户名和密码
    const userInfo=ctx.request.body
})
```

在事件处理函数中判断用户提交的密码是否为 123456，如果密码正确，则登录到 index.html 页面。

在路由模块模拟聊天数据，同时响应给客户端。示例代码如下：

```
//模拟聊天数据
let dataMsg = {
    message: [
      { username: "xm", msg: "Hello" },
      { username: "sh", msg: "Hello World" },
    ],
 };
//登录聊天室
router.post('/dologin',async ctx=>{
    //获取客户端提交的用户名和密码
    const userInfo=ctx.request.body
    if(userInfo.password!=='123456'){
       return ctx.body='密码错误'
    }
```

```
//将用户名挂载到 dataMsg 对象中
dataMsg.username=userInfo.username
ctx.render('index.html',dataMsg)
})
```

响应给客户端的 dataMsg 对象，除了有模拟的聊天数据，还保存了当前用户的用户名。打开 index.html 页面，将用户名和聊天数据渲染到页面中。示例代码如下：

```
//此位置显示用户名
<div class="internetName">{{username}}</div>
//此位置渲染模拟聊天数据
        <ul class="newsList" id="ul_list">
          {{each message as item}}
            <li><span>{{item.username}}</span>{{item.msg}}</li>
          {{/each}}
        </ul>
```

代码解析：

服务器响应给客户端的 dataMsg 对象，其 message 属性值是数组，使用 easc 语法进行循环遍历；username 为普通字符串，直接使用{{}}渲染数据。

单击"登录"按钮进入聊天室首页，index.html 页面渲染效果如图 10-3 所示。

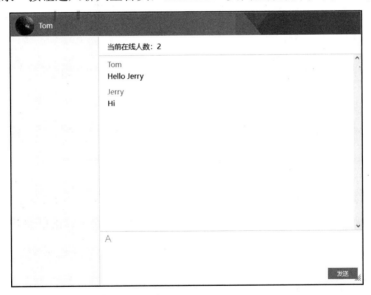

图 10-3　渲染聊天室首页

10.2　配置 socket.io

用户登录成功后，进入 index.html 页面即可使用 socket.io 模块进行实时聊天。

首先安装模块。运行下述命令，安装客户端和服务器端的 socket。

```
//客户端
npm i socket.io-client
//服务器端
npm i koa-socket
```

10.2.1　配置服务器端

打开 app.js 入口文件，导入 koa-socket 模块并进行初始化配置。示例代码如下：

```
//导入 koa-socket
const IO = require("koa-socket");
//创建 socket 实例对象
const io = new IO();
//把 socket 实例对象和 app 实例对象相结合
io.attach(app);
//和客户端建立连接
io.on("connection", (ctx) => {
    console.log("客户端连接成功");
    //服务器向客户端广播消息
    io.broadcast("online", {msg:'msg from server'});
});
//接收客户端主动发送的消息
io.on('login',(ctx,data)=>{
    console.log('来自客户端的数据: ',data)
})
```

代码解析：

（1）服务器通过 io.broadcast()方法向所有客户端广播消息，第 1 个参数为广播的事件名，可以任意命名；第 2 个参数是向客户端广播的数据。

（2）当客户端连接到服务器之后，会立即执行上述代码中的 io.broadcast()方法。

（3）使用 io.on()方法监听客户端主动发送的消息，第 1 个参数为客户端发送的数据的事件名；第 2 个参数为回调函数，ctx 包含了上下文信息，data 就是客户端主动发送的数据。

10.2.2　配置客户端

打开 index.html 文件，导入 socket.io 模块并进行初始化。示例代码如下：

```
<!--客户端导入 socket.io-->
<script src="/socket.io/socket.io.js"></script>
<script>
    //连接服务器
    const socket = io("http://127.0.0.1");
```

```
//建立连接
socket.on("connect", () => {
    console.log("socket.io 已连接");
    //客户端主动向服务器发送消息
    socket.emit('login',{
        msg:'msg from client'
    })
});
//接收服务器通过 io.broadcast()方法广播的消息
socket.on("online", (data) => {
    console.log('来自服务器的数据: ',data);
});
socket.on("disconnect", () => {
    console.log("断开连接");
});
</script>
```

代码解析:

（1）通过 socket.on()方法监听服务器通过 io.broadcast()方法广播的消息，第 1 个参数为服务器端定义的事件名；第 2 个参数为回调函数，其中 data 就是服务器广播给客户端的数据。

（2）通过 socket.emit()方法主动向服务器发送消息，第 1 个参数为自定义事件名称；第 2 个参数为发送给客户端的数据。

用户登录到 index.html 页面，终端的执行结果如图 10-4 所示。

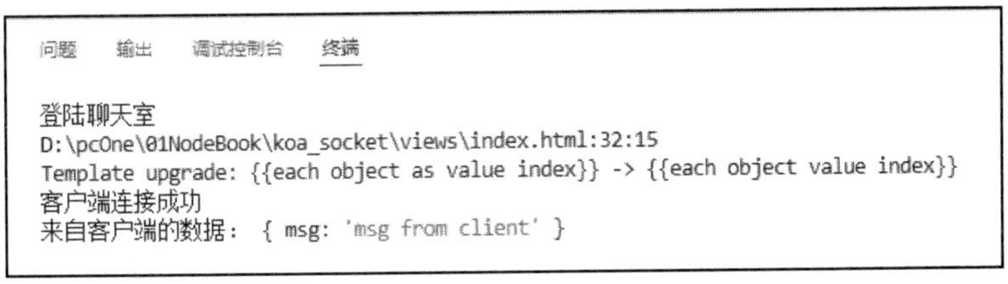

```
问题   输出   调试控制台   终端

登陆聊天室
D:\pcOne\01NodeBook\koa_socket\views\index.html:32:15
Template upgrade: {{each object as value index}} -> {{each object value index}}
客户端连接成功
来自客户端的数据: { msg: 'msg from client' }
```

图 10-4　获取客户端发送的数据

由图 10-4 可知，客户端和服务器已成功建立连接，并获取到客户端发送的测试数据。

10.3　实现实时聊天

本节将实现客户端的实时聊天功能。用户单击"发送"按钮时，将消息显示到聊天区域。实现步骤如下：

（1）给"发送"按钮注册单击事件。

（2）获取文本框数据，并发送给服务器端。

（3）服务器端接收客户端发送的数据。

（4）将接收到的数据广播给客户端。

（5）客户端接收数据，并渲染到消息列表。

打开 index.html 文件，实现第 1 步和第 2 步操作，示例代码如下：

```
//给按钮注册单击事件
document.getElementById('sendBtn').onclick=function(){
    //获取文本框数据
    let clientMsg=document.getElementById('clientMsg').value
    //将数据发送给服务器
    socket.emit('msgToServer',{msg:clientMsg})
    //清空文本框
    document.getElementById('clientMsg').value=''
}
```

服务器端打开 app.js，接收客户端发送的数据，并广播给所有客户端。示例代码如下：

```
//监听客户端 msgToServer
io.on('msgToServer',(ctx,data)=>{
    //获取客户端发送的消息
    const msg=data.msg
    //获取客户端用户名 id
    const socketid=ctx.socket.id
    //将消息广播给所有客户端
    io.broadcast('msgToClient',{username:socketid,msg:msg})
})
```

代码解析：

使用 io.on()方法监听客户端发送的数据。需要注意的是，ctx 参数并不能直接获取客户端的用户名，只能获取客户端的用户 id，也就是上述代码中的 ctx.socket.id。

最后一步是客户端接收广播数据，并渲染到页面中。示例代码如下：

```
//监听服务器 msgToClient
socket.on('msgToClient',data=>{
    //接收广播数据
    const dataRes=data
    //将数据渲染到消息列表
    htmlStr=document.getElementById('ul_list').innerHTML
    htmlStr+=` <li><span>${dataRes.username}</span>${dataRes.msg}</li>`
    document.getElementById('ul_list').innerHTML=htmlStr
})
```

打开 index.html 页面测试实时聊天，测试结果如图 10-5 所示。

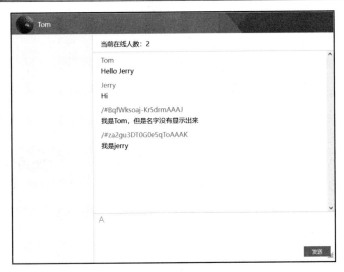

图 10-5　实时聊天

由图 10-5 可知，实时聊天功能已经实现，但是用户名并没有真实显示出来。

10.4　模拟 Session 显示用户名

显示用户名的方法有 3 种。

第 1 种是在 index.html 页面中使用模板引擎实现，如果已在/dologin 路由中把用户名传递给了 index.html 页面，可直接使用{{}}渲染用户名。

第 2 种方式是将用户名挂载到 Session 对象中。

上述两种方法都存在着不足之处。第 1 种方法虽然可以快速地显示用户名，但不利于后续功能，如私聊等功能的开发。第 2 种方法使用 Session 对象也不利于后续功能开发，因为 Session 只能在 http 协议中传输，而 socket.io 模块属于 TCP 协议，当使用 socket.io 连接客户端和服务器时，Session 就会失效。

本节将介绍第 3 种显示用户名的方法，即模拟一个 Session 对象。这种方法不仅有利于后续功能开发，在 TCP 协议下也可以正常使用。

要模拟 Session 对象的实现，需要如下 5 步操作：

（1）在根目录下新建 config.js 文件，存储模拟的 Session 对象。

（2）在/dologin 路由中将用户名挂载到 Session 对象，并将 sessionid 传给客户端。

（3）客户端将 sessionid 发送给服务器端。

（4）服务器端根据 sessionid，挂载 socketid。

（5）根据 socketid 获取用户名。

第 1 步，在根目录下新建 config.js 文件，共享空对象。示例代码如下：

```
// {
// '1649855607945': { username: 'Tom', socketid: '/#ZEhuXC2J5DXNgKoIAAAC' },
//'1649855630348':          {          username:          'Jerry',          socketid:
'/#CBfNk_L8wah2p4GJAAAD' }
// }
module.exports= {}
```

代码解析：

在 config.js 文件中只需要共享空对象即可，最终的空对象需要整理成注释部分的示例代码，示例代码前面的数字表示时间戳。

第 2 步，将用户名挂载到 Session 对象上。打开 router/user.js 路由模块，导入 config.js 文件并挂载用户名。示例代码如下：

```
//导入 config.js
let mysession=require('../config')
//登录聊天室
router.post('/dologin', async ctx => {
    console.log('登录聊天室')
    //获取客户端提交的用户名和密码
    const userInfo = ctx.request.body
    //登录成功生成时间戳作为 sessionid
    const sessionid = Date.now()
    //将 sessionid 传递给客户端
    dataMsg.sessionid = sessionid
    //将用户名挂载到 Session 对象
    mysession[sessionid] = {
        username: userInfo.username
    }
    //打印 mysession
    console.log(mysession)
})
```

当客户端用户登录聊天室之后，此时终端打印的 mysession 对象如图 10-6 所示。

图 10-6　自定义 mysession 对象

从图 10-6 中可以看出，用户名已经挂载到了 mysession 对象中。

第 3 步，客户端将 sessionid 发送给服务器端。打开 index.html 文件，示例代码如下：

```
//建立连接
socket.on("connect", () => {
    console.log("socket.io 已连接");
```

160

```
//客户端主动向服务器发送消息
//将 sessionid 发送给服务器端
socket.emit('login',{
    msg:'msg from client',
    sessionid:{{sessionid}}
})
});
```

代码解析：

客户端建立连接之后就可以主动向服务器发送消息，在 login 事件中将 sessionid 发送给服务器端，sessionid 的值使用模板引擎即可渲染出来。

第 4 步，服务器端根据客户端传递的 sessionid，在 mysession 对象中挂载 socketid。打开 app.js 文件，找到监听的 login 事件，示例代码如下：

```
//接收客户端主动发送的消息
io.on('login',(ctx,data)=>{
    console.log('来自客户端的数据：',data)
    //获取 sessionid
    const sessionid=data.sessionid
    //获取 socketid
    const socketid=ctx.socket.id
    //将 socketid 挂载到 mysession 对象
    if(!mysession[sessionid]){
        return
    }
    mysession[sessionid].socketid=socketid
    console.log(mysession)
})
```

代码解析：

将 socketid 挂载到 Session 对象之前，需要先判断 Session 对象中的 sessionid 是否为空。

客户端重新登录聊天室，mysession 对象的打印结果如图 10-7 所示。

图 10-7　打印 mysession 对象

由图 10-7 可知，模拟的 Session 对象中包含用户名和 socketid。

第 5 步，根据 socketid 查找当前用户。定义查找方法，示例代码如下：

```
//循环遍历所有的对象，根据 socketid 获取当前用户名
function getUser(socketid) {
    for (var key in mysession) {
```

```
    var user = mysession[key]
    if (socketid == user.socketid) {
        return user
    }
}
}
```

代码解析：

循环遍历 mysession 对象，获取每一条数据。如果用户传入的 socketid 等于 mysession 对象中的 socketid，则表示找到当前用户。

在监听 msgToServer 事件处理函数中调用 getUser()方法，示例代码如下：

```
//监听客户端 msgToServer
io.on('msgToServer',(ctx,data)=>{
    //获取客户端发送的消息
    const msg=data.msg
    //获取客户端用户名 id
    const socketid=ctx.socket.id
    //根据 socketid 查找当前用户
    const userInfo=getUser(socketid)
    //将消息广播给所有客户端
    io.broadcast('msgToClient',{username:userInfo.username,msg:msg})
})
```

打开 index.html 页面，重新发送消息，测试结果如图 10-8 所示。

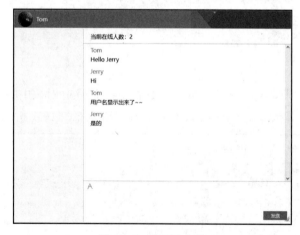

图 10-8　显示用户名

10.5　显示聊天室在线人数

要想显示聊天室在线人数，只需要查询 mysession 对象中存在多少个 sessionid 即可。

在服务器端监听 login 事件，因为在 login 事件中可获取到完整的 Session 对象。

将 Session 对象广播给客户端，示例代码如下：

```
io.on('login',(ctx,data)=>{
    ...
    mysession[sessionid].socketid=socketid
    console.log('用户上线')
    io.broadcast('addUser',mysession)
    ctx.socket.on('disconnect',ctx=>{
        console.log('用户下线')
    })
})
```

服务器端通过 addUser 广播事件将 mysession 对象广播给客户端。在客户端监听 addUser，示例代码如下：

```
//监听服务器端 addUser 广播
socket.on('addUser', data => {
    //将对象转成数组
    const userList=Object.values(data)
    //获取在线个数
    document.getElementById('usernum').innerText=userList.length
})
```

重新启动服务器，登录聊天室，此时上线人数统计已完成，接下来实现下线统计。

用户退出聊天室，将触发 disconnect 事件。在事件处理函数中可以获取 socketid，然后根据 socketid 获取 sessionid，示例代码如下：

```
ctx.socket.on('disconnect', ctx => {
    //定义根据 socketid 获取 sessionid 的方法
    function getSessionId(socketid) {
        for (var key in mysession) {
            var obj = mysession[key]
            if (socketid == obj.socketid) {
                return key
            }
        }
    }
    //获取 sessionid
    const key=getSessionId(ctx.socket.id)
    //根据 sessionid 删除当前用户
    delete mysession[key]
    //重新把 Session 对象广播给客户端
    io.broadcast('addUser', mysession)
    console.log('删除一个用户')
})
```

重新启动服务器，完成上线人数统计和下线人数统计。

10.6　私　　聊

本节讲解聊天室私聊功能的开发。首先需要把在线人员全部显示出来，显示效果如图 10-9 所示。

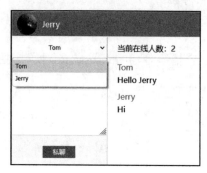

图 10-9　显示在线人员

单击左上角的下拉框，可以选择一个私聊对象。当前在线人员的数组对象前面已经获取过，只需要遍历数组，将在线人员渲染到 select 下拉表单中即可。示例代码如下：

```
//监听服务端 addUser 广播
socket.on('addUser', data => {
    //将对象转成数组
    const userList=Object.values(data)
    //获取在线人员个数
    document.getElementById('usernum').innerText=userList.length
    //将上线人员追加到 select 下拉菜单
    //获取下拉菜单
    let selectStr=document.getElementById('selectid')
    let selectHtml
    for(var i=0;i<=userList.length-1;i++){
        //获取到所有用户
        var users=userList[i]
        //将用户追加到 select 下拉菜单
        selectHtml+=`<option   value="${users.socketid}">${users.username}
</option>`
    }
    selectStr.innerHTML=' <option value="">-- 请选择私聊对象 --</option>'
+selectHtml
})
```

代码解析：

在 option 选项中，value 的属性值为用户的 socketid。

接下来定义变量，接收私聊对象的 socketid，示例代码如下：

```
//定义变量接收私聊对象的socketid
let msgSLID
document.getElementById('selectid').onchange=function(){
    //实时获取私聊对象的socketid
    msgSLID=this.value
    //两人成组
    socket.emit('joinSL', {msgSLID});
}
```

代码解析：

选择私聊人员时将触发 onchange 事件。在 onchange 事件中获取私聊对象的 socketid，并定义 joinSL 事件，发送给服务器端。

服务器端打开 app.js，监听客户端发送的 joinSL 事件，获取私聊对象的 socketid，加入私聊房间。示例代码如下：

```
//加入私聊房间
io.on('joinSL',(ctx,data)=>{
    ctx.socket.socket.join(data.msgSLID)
})
```

代码解析：

这里使用 ctx.socket.socket.join() 方法加入私聊房间。因为每个 socket 均可通过 id 自动创建一个只属于自己的房间，所以只需要加入私聊对象的房间即可。

接下来为"私聊"按钮添加单击事件，实现私聊功能。示例代码如下：

```
//为私聊按钮添加单击事件
document.getElementById('msgSLBtn').onclick=function(){
    //获取私聊文本框数据
    const msgSL=document.getElementById('msgSL').value
    socket.emit('msgSLToServer',{
    //私聊数据
    msgSL:msgSL,
    //私聊对象的socketid
    msgSLID:msgSLID
    })
}
```

代码解析：

用户单击"私聊"按钮，获取私聊文本框数据和私聊对象 socketid，然后通过 msgSLToServer 事件发送给服务器端。

打开 app.js，监听客户端 msgSLToServer 事件，获取客户端发送的数据，并广播给客户端。示例代码如下：

```
//监听私聊msgSLToServer事件
io.on('msgSLToServer',(ctx,data)=>{
```

```
    //获取私聊数据
    const msgSL=data.msgSL
    //获取私聊对象的 socketid
    const msgSLId=data.msgSLID
    //获取发送者的 socketid
    const fromId=ctx.socket.id
    //根据发送者的 socketid 查找当前用户
    const userInfo=getUser(fromId)
    //将获取到的数据广播给客户端
    app._io.to(msgSLId).emit('msgToSLClient',{
        username: userInfo.username,
        msg: msgSL
    })
})
```

代码解析：

app._io.to()方法定义要向哪个房间发送消息，通过 msgToSLClient 事件，将消息发送给客户端。

在客户端监听 msgToSLClient 事件，并将获取的消息渲染到页面上。示例代码如下：

```
//监听服务器 msgToSLClient 私聊事件
socket.on('msgToSLClient',data=>{
    //接收广播数据
    const dataRes = data
    //将数据渲染到消息列表
    let                            ul=document.getElementById('ul_list')
ul.innerHTML+=`<li><span>${dataRes.username}</span>${dataRes.msg}</li>`
})
```

10.7 群 组 聊 天

本节将讲解群组聊天功能的实现，最终实现的效果如图 10-10 所示。

图 10-10 群组聊天展示

　　群组聊天功能的实现思路和私聊功能完全一致。首先需要输入房间号，当单击"加入房间"按钮时，把获取的房间号发送给服务器端。示例代码如下：

```
//加入群组
document.getElementById('joinRoom').onclick=function(){
    //获取房间
    const roomNum=document.getElementById('roomNum').value
    socket.emit('joinGroup',{
        roomNum
    })
}
```

　　打开 app.js，监听客户端发送的 joinGroup 事件，获取房间号，并加入群组。示例代码如下：

```
//监听 joinGroup 事件
io.on('joinGroup',(ctx,data)=>{
    //加入房间
    ctx.socket.socket.join(data.roomNum)
})
```

　　接下来返回客户端，为"群聊"按钮添加单击事件，并在事件处理函数中获取文本框内容和房间号，通过自定义事件发送给服务器端。示例代码如下：

```
//群聊
document.getElementById('joinRoomBtn').onclick=function(){
    //获取群聊消息
    const roomMsg=document.getElementById('roomMsg').value
    //获取房间
    const roomNum=document.getElementById('roomNum').value
    //将消息发送给服务器端
    socket.emit('groupToServer',{
        roomMsg,roomNum
    })
}
```

　　打开 app.js，监听客户端发送的 groupToServer 事件，在事件处理函数中获取客户端发送的内容，并将获取到的数据广播给客户端。示例代码如下：

```
//监听 groupToServer 事件
io.on('groupToServer',(ctx,data)=>{
    //获取群聊消息
    const roomMsg=data.roomMsg
    //获取房间号
    const roomNum=data.roomNum
    //获取发送者 socketid
      const fromId=ctx.socket.id
    //根据发送者的 socketid 查找当前用户
    const userInfo=getUser(fromId)
    //将获取到的数据广播给客户端
```

```
    app._io.to(roomNum).emit('groupMsgToClient',{
        username: userInfo.username,
        msg: roomMsg
    })
})
```

最后，在客户端监听 groupMsgToClient 事件，并将获取到的消息渲染到页面上。示例代码如下：

```
//监听 groupMsgToClient 事件
socket.on('groupMsgToClient',data=>{
    //接收广播数据
    const dataRes = data
    //将数据渲染到消息列表
    let htmlStr = document.getElementById('ul_list').innerHTML
    htmlStr += ` <li><span>${dataRes.username}</span>${dataRes.msg}</li>`
    document.getElementById('ul_list').innerHTML = htmlStr
})
```

至此，聊天室的私聊、群组聊天，以及显示在线人数功能全部开发完毕。完整的项目源码，读者可在本书的学习资源包中获取。

第 11 章

网络爬虫

本章将使用 Node.js 开发网络爬虫。通过本章的学习，读者可以了解什么是网络爬虫，以及如何开发网络爬虫程序。

11.1　什么是爬虫

爬虫，又称为网络机器人，它可以自动地在互联网中进行数据的采集和整理。通俗地讲，爬虫就是一类请求网站资源并获取数据的自动化程序。通过爬虫可设定目标网站数据，自动下载资源。

爬虫的基本工作流程一般包括以下 3 步：

（1）向目标网站发送 http 请求。

（2）获取响应数据。

（3）对数据进行存储。

爬虫在 Web 开发中至关重要。例如，我们经常使用的百度搜索引擎就离不开爬虫的贡献。百度爬虫每天会在互联网中进行资源爬取，经过分析，对优质的信息进行收录。当用户使用百度搜索引擎进行关键字搜索时，就将爬虫"爬"回来的数据展示给用户。

11.2　第一个爬虫程序

了解了什么是爬虫之后，现在我们一起来开发制作一个简单的爬虫程序。爬取锦匠素材网站的图片资源，并进行下载。锦匠素材网站的网址为 http://www.mm2018.com/，界面效果如图 11-1 所示。

图 11-1　爬取目标网站效果图

爬虫程序的实现思路分为以下 3 步：

（1）向目标网站发送 HTTP 请求，获取网页数据。

（2）提取 img 标签的 src 属性。

（3）实现图片下载。

第 1 步，向目标网站发送 HTTP 请求以获取网页数据。示例代码如下：

```javascript
//导入 http 核心模块
const http=require('http')
//创建请求对象
let req=http.request('http://www.mm2018.com/',res=>{
    //console.log(res)
    //定义空数组，接收最终页面数据
    let chunks=[]
    //监听 data 事件，获取数据片段
    res.on('data',chunk=>{
        chunks.push(chunk)
    })
    res.on('end',()=>{
        //结束 data 数据监听，拼接所有数据片段
        const result=Buffer.concat(chunks).toString('utf-8')
        console.log(result)
    })
})
//发送请求
req.end()
```

代码解析：

（1）在 Node.js 中发送网络请求，可以使用 http 内置模块提供的 request 方法创建请求对象。其第 1 个参数为目标网站的请求地址，第 2 个参数为回调函数。

（2）在 request 回调函数中，通过 res.on()方法监听 data 事件，获取网页传递的数据片段，并追加到数组中。

（3）通过 res.on()监听 end 事件，结束对 data 数据的监听。此时已获取所有的数据片段，使用 Buffer.concat()方法拼接所有数据片段。

（4）通过 req.end()方法发送请求。

通过上述代码，最终可以获取整个首页的源代码。此时运行 app.js 文件，result 的打印结果为锦匠素材网站首页的源代码。

第 2 步，提取源码中 img 标签的 src 属性，这需要操作页面 DOM 元素。由于 Node.js 中没有操作 DOM 元素的 API，所以需要借助第三方 cheerio 模块。

cheerio 模块是为了 jQuery 设计的，可以快速地对 DOM 元素进行操作。首先运行下述命令，安装 cheerio 模块。

```
npm i cheerio
```

使用 cheerio 模块的官方演示案例，代码如下：

```
//导入 cheerio 模块
const cheerio = require('cheerio');
//调用 cheerio.load()方法传入 HTML 源码
const $ = cheerio.load('<h2 class="title">Hello world</h2>');
//将 h2 标签的文本修改成 Hello there!
$('h2.title').text('Hello there!');
//为 h2 标签添加 welcome 属性
$('h2').addClass('welcome');
$.html();
//打印修改之后的结果
console.log($.html())
```

运行上述代码，打印结果如图 11-2 所示。

```
问题    输出    终端    调试控制台

[nodemon] starting `node .\cheerio.js`
<html><head></head><body><h2 class="title welcome">Hello there!</h2></body></html>
[nodemon] clean exit - waiting for changes before restart
```

图 11-2　获取 DOM 元素

通过图 11-2 可见，在 Node.js 中使用 cheerio 模块，可以快速方便地操作 DOM 元素。接下来，我们就在 app.js 文件中使用 cheerio 模块。示例代码如下：

```
//导入 http 核心模块
const http=require('http')
//导入 cheerio 模块
const cheerio=require('cheerio')
//创建请求对象
let req=http.request('http://www.mm2018.com/',res=>{
```

```
//console.log(res)
//定义空数组，接收最终页面数据
let chunks=[]
//监听data事件，获取数据片段
res.on('data',chunk=>{
    chunks.push(chunk)
})
res.on('end',()=>{
    //结束data数据监听，拼接所有数据片段
    const result=Buffer.concat(chunks).toString('utf-8')
    //console.log(result)
    let $=cheerio.load(result)
    //获取图片个数
    //console.log($('.item-img-box img').length)
    let imgs=[]
    //遍历数组，获取img标签的src属性
    $('.item-img-box img').each((index,item)=>{
        console.log($(item).attr('src'))
        //将获取到的图片路径追加到imgs数组
        imgs.push($(item).attr('src'))
    })
    console.log(imgs)
})
})
//发送请求
req.end()
```

代码解析：

（1）result 获取的是整个首页的源码，使用 cheerio.load()方法传入源码之后，就可以像 jQuery 一样操作 DOM 元素。

（2）使用$('.item-img-box img')获取首页中所有的图片元素，返回值为数组。

（3）使用.each()方法循环遍历数组，将图片的 src 属性提取出来，追加到新数组。

在终端打印 imgs 数组，打印结果如图 11-3 所示。此时，锦匠素材网站首页中的所有图片均已提取完毕。

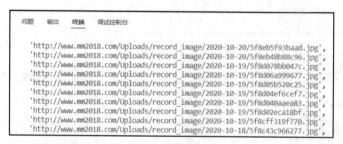

图 11-3　获取所有图片

第 3 步，进行图片下载。在 Node.js 中下载图片，可以使用 download 模块。执行下述

命令，安装 download 模块。

```
npm install download
```

在 app.js 文件中导入 download 模块，进行图片资源下载。示例代码如下：

```
const download = require('download');
Promise.all(imgs.map(url => download(url, 'dist'))).then(()=>{
    console.log('download OK')
})
```

代码解析：

使用 Promise.all()方法执行下载操作，当 imgs 数组中所有的图片下载完毕之后，执行.then()回调。

重新执行 app.js 文件，在 dist 目录中查看执行结果，如图 11-4 所示。

图 11-4　图片下载完成

可见，锦匠素材网站首页的所有图片均已下载完成，第一个爬虫程序开发完成。

📢 注意：download 模块默认不能下载包含中文名称的图片，如果图片中包含中文名称，需要把获取到的图片先转换成 base64 编码格式。

11.3　爬取前后端分离的网页内容

Web 开发分为服务器端渲染的开发模式和前后端分离的开发模式。在 11.2 节的爬虫程序中，采用的是服务器端渲染的开发模式，即服务器端直接把完整的 HTML 页面代码渲染到页面上。这种形式可以直接使用 cheerio 模块操作 DOM 元素，获取想要的内容。

如果采用前后端分离的 Web 开发模式，则前端需要先通过 Ajax 等技术调用接口，再将数据渲染到页面上，而这种形式获取到的源码并不能直接使用 cheerio 模块进行操作。本节就来学习如何使用爬虫获取前后端分离的 Web 数据。

待爬取的目标网站地址为 http://localhost:8080，页面部分效果如图 11-5 所示。

图 11-5　待爬取的目标网站

创建 ajax.js 文件，使用 http.request()方法发送数据请求，获取网页源码。示例代码如下：

```
//导入 http 核心模块
const http=require('http')
//创建请求对象
let req=http.request('http://localhost:8080/',res=>{
    // 定义空数组，接收最终页面数据
    let chunks=[]
    //监听 data 事件，获取数据片段
    res.on('data',chunk=>{
        chunks.push(chunk)
    })
    res.on('end',()=>{
        //结束 data 数据监听，拼接所有数据片段
        const result=Buffer.concat(chunks).toString('utf-8')
        console.log(result)
    })
})
//发送请求
```

```
req.end()
```

在终端运行 ajax.js 文件,运行结果如图 11-6 所示。

图 11-6　获取目标网站源码

由于网站采用的是前后端分离的开发模式,当直接使用 http.request()方法请求网址时,获取的源码中并不包含实际数据,因此 cheerio 模块就失去了作用。

如何爬取这种前后端分离的网页页面信息呢?实现步骤如下:

(1)通过控制台分析页面数据请求,查询服务器端提供的接口地址。

(2)根据请求接口配置 http.request()参数。

第 1 步,即查询服务器提供的接口地址。

以火狐浏览器为例,查询接口地址。首先打开控制台,在最上方菜单栏选择"网络"选项,再在右侧面板的上方选择 XHR 选项,然后单击选中左侧的请求地址,在右侧查看其数据响应,如图 11-7 所示。

图 11-7　查询目标网站接口地址

找到接口地址后,单击"消息头"按钮,即可查看接口的详细信息,如图 11-8 所示。

图 11-8　查看接口详情

由图 11-8 可知，当前接口的请求方式为 GET 请求，请求地址为 http://api.mm2018.com:
8095/api/goods/home。

第 2 步，根据请求接口配置 http.request()参数。

根据第 1 步获取的请求接口和请求地址，配置 http.request()参数，示例代码如下：

```
//定义常量接收请求地址
const url='http://api.mm2018.com:8095/api/goods/home'
//创建请求对象，并配置参数
let req=http.request(url,{method:'GET'},res=>{
    // ...
})
```

此时虽然可以运行文件获取数据，但考虑到各种反爬虫技术，发送数据请求时应该尽量模拟浏览器请求机制，所以建议在 http.request()参数中添加请求头。最终示例代码如下：

```
//导入 http 核心模块
const http=require('http')
//定义常量接收请求地址
const url='http://api.mm2018.com:8095/api/goods/home'
//创建请求对象
let req=http.request(url,{method:'GET',headers:{
    "Accept":"application/json, text/plain",
    "Accept-Encoding":"gzip, deflate",
    "Host":"api.mm2018.com:8095",
    "Origin":"http://localhost:8080"
}},res=>{
    // 定义空数组，接收最终页面数据
    let chunks=[]
    //监听 data 事件，获取数据片段
    res.on('data',chunk=>{
```

```
    chunks.push(chunk)
})
res.on('end',()=>{
    //结束 data 数据监听，拼接所有数据片段
    let result=Buffer.concat(chunks).toString('utf-8')
    result=JSON.parse(result)
    console.log(result)
})
})
//发送请求
req.end()
```

在终端运行 ajax.js 文件，最终获取到的结果如图 11-9 所示。

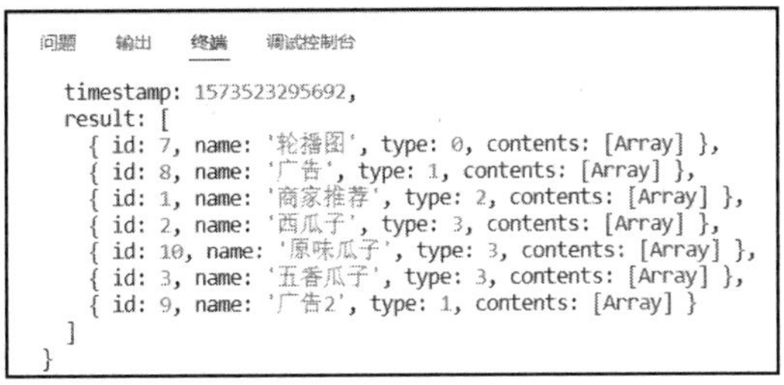

图 11-9　获取目标网站数据

由图 11-9 可知，目标网站首页的所有数据均已成功获取，并且是对象格式，可以很方便地渲染到页面中或存储到数据库中。

通过上述案例，读者需要重点掌握的是，在爬取前后端分离的网站时，request 发送请求的地址并不是网页地址，而是后端接口地址。

11.4　Selenium 简介

Selenium 是一个用于 Web 应用程序测试的工具。通俗地讲，Selenium 是一个自动化 Web 测试工具，可以模拟真实的用户操作。

Selenium 测试直接运行在浏览器中，就像真正的用户在操作一样。支持 Selenium 的浏览器包括 IE（7、8、9、10、11）、Mozilla Firefox、Safari、Google Chrome、Opera、Edge 等。

为什么要使用 Selenium 呢？这是因为在使用爬虫技术爬取第三方网站的数据时，会消耗对方的服务器资源，所以目前流量较大的网站都设有反爬虫机制，不会让用户轻易获取到数据。而 Selenium 工具的出现，可以解决大部分的反爬虫机制问题。

Selenium 的基本使用分为以下两步：

（1）根据浏览器，下载对应的 webdriver。

（2）在项目中安装 selenium-webdriver 模块。

webdriver 的作用是使用代码操作浏览器，因此不同的浏览器需要下载不同的 webdriver。打开 npm 主页 www.npmjs.com，搜索 selenium-webdriver，根据个人计算机中的浏览器类型进行下载，如图 11-10 所示。

以谷歌浏览器为例，选择 chromedriver(.exe)选项，进入下载页面，再根据浏览器版本号下载对应的 webdriver，如图 11-11 所示。

Browser	Component
Chrome	chromedriver(.exe)
Internet Explorer	IEDriverServer.exe
Edge	MicrosoftWebDriver.msi
Firefox	geckodriver(.exe)
Opera	operadriver(.exe)
Safari	safaridriver

图 11-10　webdriver 下载列表

Index of /101.0.4951.41/

Name	Last modified	Size	ETag
Parent Directory			
chromedriver_linux64.zip	2022-04-27 07:02:29	5.92MB	57fc88db21f5d009cdf526480378cbf9
chromedriver_mac64.zip	2022-04-27 07:02:31	7.88MB	1589eb6b65c5a6848d44dd43c88f1e73
chromedriver_mac64_m1.zip	2022-04-27 07:02:34	7.19MB	d6d6cfbd06ca5139f3663d2e68a88c64
chromedriver_win32.zip	2022-04-27 07:02:37	6.05MB	594669544f54e61c3762252d1a85f3d8
notes.txt	2022-04-27 07:02:42	0.00MB	c63873505b72aa1911a152618e25c9f4

图 11-11　chromedriver 下载地址

webdriver 下载完成之后，将 chromedriver.exe 文件保存到项目根目录下。

接下来，需要在项目中安装 selenium-webdriver 模块。

准备好之后，返回 VS Code，打开项目终端，运行下述命令安装 selenium-webdriver。

```
npm i selenium-webdriver
```

11.5　自　动　搜　索

目前，Selenium 所有准备工作均已完成，下面实现自动打开素材网站并进行关键字搜索功能。

新建 selenium.js 文件，示例代码如下：

```
//导入 selenium-webdriver
const {Builder, Browser, By, Key, until} = require('selenium-webdriver');
//使用自调用函数运行
(async function example() {
    //设置使用的浏览器
    let driver = await new Builder().forBrowser('chrome').build();
    try {
        //设置目标网站地址
        await driver.get('http://www.mm2018.com/');
        //查找页面元素，输入关键字，单击 Enter 键查询
        await    driver.findElement(By.id('search_text')).sendKeys('html',
Key.RETURN);
```

178

```
    } finally {
        //退出浏览器
        //await driver.quit();
    }
})();
```

代码解析：

通过代码，自动使用谷歌浏览器打开 http://www.mm2018.com/网站，在搜索框中输入 html 进行搜索。在终端运行 selenium.js 文件，运行结果如图 11-12 所示。

图 11-12　自动打开网站并进行搜索

从图 11-12 中可见，我们已成功使用 Selenium 进行了网站自动化搜索操作。

11.6　使用 Selenium 实现爬虫功能

前面已通过 Selenium 实现了网站的自动化测试，本节来实现爬虫功能。最终实现的案例需求如下：

（1）自动打开 http://www.mm2018.com/网站。

（2）自动搜索 html 关键字。

（3）自动单击"分页"按钮，获取查询到的所有数据。

第 1 步和第 2 步在讲解 Selenium 基础时已经实现，因此这里重点讲解如何获取页面中的数据和如何进行翻页操作。首先是获取第 1 页中的数据，示例代码如下：

```
//导入 selenium-webdriver
```

```
const {Builder, By, Key} = require('selenium-webdriver');
//使用自调用函数运行
(async function example() {
  //设置使用的浏览器
  let driver = await new Builder().forBrowser('chrome').build();
    //设置目标网站地址
    await driver.get('http://www.mm2018.com/');
    //查找页面元素，输入关键字，单击 Enter 键查询
    await        driver.findElement(By.id('search_text')).sendKeys('html',
Key.RETURN);
    //获取页面上所有特效
    let items=await driver.findElements(By.css('.masonry-brick'))
    //声明空数组
    let arr=[]
    //循环遍历数组，获取所需要的数据
    for(let i=0;i<items.length;i++){
        let item=items[i]
        //获取所有文本内容
        //console.log(await item.getText())
        //获取标题文字
        let itemTitle=await item.findElement(By.css('.item-title')).getText()
        //获取分类文字
        let itemMeta=await item.findElement(By.css('.item-meta')).getText()
        //获取超链接
        let                                          itemLink=await
item.findElement(By.css('.item-content .item-img')).getAttribute('href')
        //获取图片地址
        let itemImg=await item.findElement(By.css('.item-img-box img')).
getAttribute('src')
        //将获取到的数据追加到空数组
        arr.push({
            itemTitle,
            itemMeta,
            itemLink,
            itemImg
        })
    }
    //打印获取到的数据
    //console.log(arr)
})();
```

代码解析：

使用 for 循环遍历数组中的所有元素，使用 findElement()方法获取页面上所需要的数据。

终端打印的 arr 数组结果如图 11-13 所示。由图 11-13 可知，这里是将页面数据整合成一个对象组成的数组了。

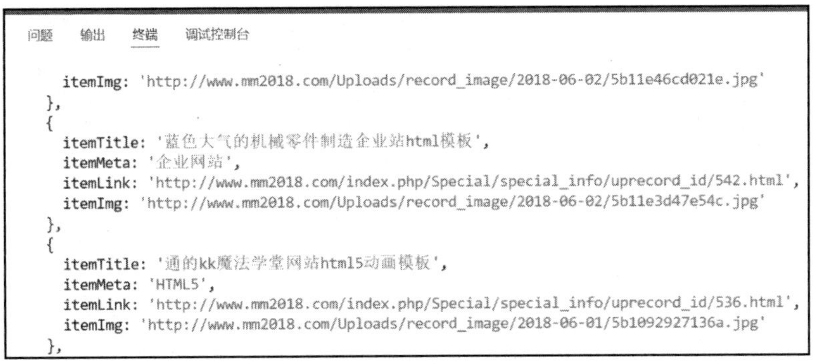

问题　输出　终端　调试控制台

```
    itemImg: 'http://www.mm2018.com/Uploads/record_image/2018-06-02/5b11e46cd021e.jpg'
  },
  {
    itemTitle: '蓝色大气的机械零件制造企业站html模板',
    itemMeta: '企业网站',
    itemLink: 'http://www.mm2018.com/index.php/Special/special_info/uprecord_id/542.html',
    itemImg: 'http://www.mm2018.com/Uploads/record_image/2018-06-02/5b11e3d47e54c.jpg'
  },
  {
    itemTitle: '通的kk魔法学堂网站html5动画模板',
    itemMeta: 'HTML5',
    itemLink: 'http://www.mm2018.com/index.php/Special/special_info/uprecord_id/536.html',
    itemImg: 'http://www.mm2018.com/Uploads/record_image/2018-06-01/5b1092927136a.jpg'
  },
```

图 11-13　获取第 1 页数据

当前获取的只是第 1 页的数据，接下来还要实现翻页功能。实现步骤如下：

（1）定义初始页码。

（2）获取页码的最大值。

（3）每当获取一页数据之后，当前页码自增，并判断是否到达页码的最大值。

（4）单击“下一页”按钮，进行翻页。

（5）使用递归，获取全部数据。

完整的示例代码如下：

```
//导入 selenium-webdriver
const { Builder, By, Key } = require('selenium-webdriver');
//定义当前页码值
let currentPage = 1
//定义最大页码值
let maxPage;
//使用自调用函数运行
(async function example() {
    //设置使用的浏览器
    let driver = await new Builder().forBrowser('chrome').build();
    //设置目标网站地址
    await driver.get('http://www.mm2018.com/');
    //查找页面元素，输入关键字，单击 Enter 键查询
    await        driver.findElement(By.id('search_text')).sendKeys('html',
Key.RETURN);
    //获取数据之前为 maxPage 赋值
    maxPage  =  await  driver.findElement(By.css('.fenye  a:last-child')).
getText()
    //获取数据的方法
    getData(driver)
})();

async function getData(driver) {
    while (true) {
        let flag = true
        try {
```

```
console.log(`正在获取第${currentPage}页数据，共${maxPage}页`)
//获取页面上所有特效
let items = await driver.findElements(By.css('.masonry-brick'))
//声明空数组
let arr = []
//循环遍历数组，获取所需要的数据
for (let i = 0; i < items.length; i++) {
    let item = items[i]
    //获取所有文本内容
    //console.log(await item.getText())
    //获取标题文字
    let itemTitle = await item.findElement(By.css('.item-title')).
getText()
    //获取分类文字
    let itemMeta = await item.findElement(By.css('.item-meta')).
getText()
    //获取超链接
    let itemLink = await item.findElement(By.css('.item-
content .item-img')).getAttribute ('href')
    //获取图片地址
    let itemImg = await item.findElement(By.css('.item-img-box
img')).getAttribute('src')
    //将获取到的数据追加到空数组
    arr.push({
        itemTitle,
        itemMeta,
        itemLink,
        itemImg
    })
}
//打印获取到的数据条数
console.log(`获取到：${arr.length} 条数据`)
//获取到数据之后页码+1
currentPage++
if (currentPage <= maxPage) {
    //单击下一页
    await driver.findElement(By.css('.nextpage')).click()
    //递归获取数据
    //注意翻页之后可能存在获取不到数据的情况
    getData(driver)
}
} catch (e) {
    //console.log(e.message)
    if (e) {
        flag = false
    }
} finally {
    if (flag) break
}
```

```
    }
}
```

代码解析：

单击"下一页"按钮时会刷新页面，刷新过程中页面上的元素有可能获取不到，此时 getData()方法就会报错。解决方法就是在 getData()方法中使用 while 循环包裹所有代码，然后定义一个 flag 标识，只要 try 中的代码有报错，flag 赋值为 false，就进入下一轮循环。当 try 中的代码全部执行完毕且没有报错，就执行 finally 中的代码，终止程序。

🔊 **注意**：finally 中的代码无论 flag 为 true 还是 false，最终都会被执行。只是当 flag 为 false 时，并不会终止程序。

最终爬虫的运行结果如图 11-14 所示。

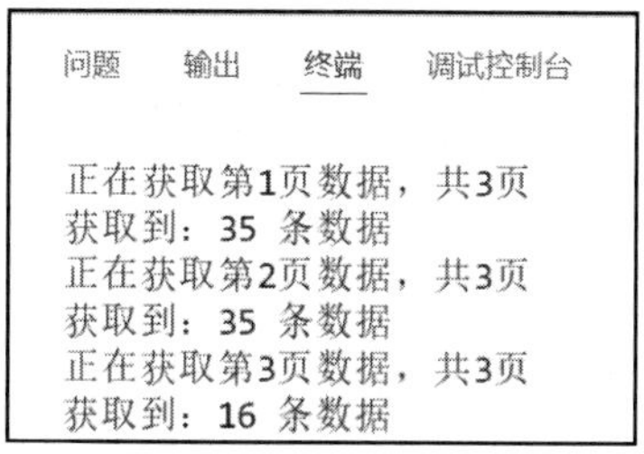

图 11-14 完成自动翻页并获取数据

至此，已完成使用 Selenium 全部开发爬虫工作。由于 Selenium 的本质就是使用代码真实地开启一个浏览器，并模拟用户的操作行为，这种机制基本不会被反爬虫技术所限制。

第 12 章

GraphQL 基础语法

接口开发分为 RESTful 和 GraphQL 两种开发形式。RESTful 就是我们平常开发的 GET、POST 等请求接口，在一个页面中可能会多次发送请求；GraphQL 是一种针对图状数据的查询语言，一个页面发送一次请求。通过本章的学习，读者可以掌握 GraphQL 的基础语法。

12.1　什么是 GraphQL

GraphQL 由 Facebook 公司开发，其官方介绍如下：GraphQL 既是一种能用于 API 的查询语言，也是一个能满足数据查询的运行时。

GraphQL 主要有以下 4 个特点：

- ☑ 使用 GraphQL 开发接口时，页面只需要调用请求一次，即可获取多个资源。这不仅有利于接口维护，还可以提高渲染速度。
- ☑ 可以按需求导入接口返回的数据。例如，接口返回的数据包含 username 和 password，可以按需要，只导入 username。
- ☑ 提供了完善的数据类型，客户端可直接进行数据校验。
- ☑ 提供了强大的调试工具，前端工程师无须使用代码，即可测试接口数据。

12.2　GraphQL 快速体验

下面使用 GraphQL 来实现一个简单的前后端交互。

1. 服务器端

首先来看服务器端是如何使用 GraphQL 实现的。实现步骤通常包括两步：

（1）新建站点，并初始化包管理配置文件。

（2）安装依赖。

新建 GraphQL 站点目录，运行"npm init –y"命令，快速初始化包管理配置文件。然后在站点终端运行下述命令，安装所需要的依赖。

```
npm install apollo-server-express
npm install express
npm install graphql
```

新建 app.js 文件，并进行初始化，示例代码如下：

```
//导入 Express
const express = require("express");
//导入 ApolloServer,gql
const { ApolloServer,gql } = require("apollo-server-express");
//创建 http 服务
const app = express();
//定义数据类型
const typeDefs =gql `
    type Query{
        Hello: String!
    }
`;
//设置数据类型对应的具体数据
const resolvers = {
    Query: {
        Hello: () => 'Hello World',
    },
};
let apolloServer = null;
//将 apolloServer 和 express 相结合
async function startServer() {
    //创建 apolloServer 实例
    apolloServer = new ApolloServer({
        //固定属性
        typeDefs,
        resolvers,
    });
    //等待 apolloServer 服务启动
    await apolloServer.start();
    //将 apolloServer 注册成中间件
    apolloServer.applyMiddleware({ app });
}
startServer();
//设定端口号
app.listen(4000, function () {
    console.log(`server running on port 4000`);
    console.log(`gql path is ${apolloServer.graphqlPath}`);
});
```

上述代码仅为了体验使用 GraphQL 实现的前后端交互效果，暂不做解析，读者可在终端运行 app.js 文件启动服务。

2. 客户端

服务器端设置的端口号为 4000，gql 的地址为"/graphql"。在浏览器中访问 http://localhost:4000/graphql，打开客户端调试工具，测试结果如图 12-1 所示。

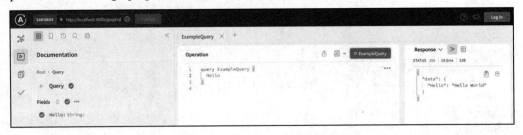

图 12-1　graphql 客户端调试工具

由图 12-1 可知，在 query 查询中输入 Hello，即可获取到服务器返回的数据。

12.3　GraphQL 服务器端代码解析

app.js 服务器端初始化代码可以分为以下 5 个步骤：

（1）导入 Express 和 apollo-server-express 依赖模块。

（2）定义数据类型或数据的验证规则。

（3）定义返回给客户端的数据。

（4）将 Express 和 apolloServer 结合。

（5）设置端口号，启动服务。

第 1 步，导入依赖模块，并创建 http 服务，示例代码如下：

```
//导入 Express
const express = require("express");
//导入 ApolloServer,gql
const { ApolloServer,gql } = require("apollo-server-express");
//创建 http 服务
const app = express();
```

第 2 步，定义数据类型，示例代码如下：

```
//定义数据类型
const typeDefs =gql `
   type Query{
       Hello: String!
   }
`;
```

代码解析：

（1）gql``是函数调用，模板字符串可作为函数调用的参数。

（2）在模板字符串中，Query 类型是默认类型，在服务器端必须存在且需保持唯一；Hello 为自定义属性，当前表示 Hello 属性为字符串类型，"!"表示 Hello 属性为必填项。

第 3 步，定义返回给客户端的数据，示例代码如下：

```
//定义返回给客户端的数据
const resolvers = {
    Query: {
        Hello: () => 'Hello World',
    },
};
```

代码解析：

因为在 typeDefs 中定义的数据类型为 Query 类型，所以在 resolvers 中为 Query 类型进行赋值，Hello 属性具体的数据就是"Hello World"。

第 4 步，将 Express 和 apolloServer 结合，示例代码如下：

```
let apolloServer = null;
//将 Express 和 apolloServer 相结合
async function startServer() {
    //创建 apolloServer 实例
    apolloServer = new ApolloServer({
        //固定属性
        typeDefs,
        resolvers,
    });
    //等待 apolloServer 服务启动
    await apolloServer.start();
    //将 apolloServer 注册成中间件
    apolloServer.applyMiddleware({ app });
}
startServer();
```

代码解析：

（1）通过 new ApolloServer()创建 apolloServer 实例对象，将 typeDefs 和 resolvers 属性作为固定参数传入配置对象。

（2）在 apolloServer 3.x 版本之后，要先等待 apolloServer 服务启动，才能挂载 app 实例对象，所以 startServer()方法使用了 async 和 await。

第 5 步，设置端口号，启动服务。示例代码如下：

```
//设定端口号
app.listen(4000, function () {
    console.log(`server running on port 4000`);
    console.log(`gql path is ${apolloServer.graphqlPath}`);
});
```

客户端调试工具的查询代码如下：

```
query ExampleQuery {
    Hello
}
```

代码解析：

ExampleQuery 为自定义名称，上述代码表示获取 query 中 Hello 的属性值。

查询结果响应数据如下：

```
{
    "data": {
        "Hello": "Hello World"
    }
}
```

12.4　定义对象数据类型

GraphQL 虽然提供了完善的数据类型系统，但初始化代码中却只定义了普通字符串类型。下面讲解如何定义复杂的对象数据类型。

案例需求：定义学生类型，并且定义每个学生的各科成绩。

示例代码如下：

```
//定义数据类型
const typeDefs =gql `
    type itemScore{
        name:String
        score:Float
    }
    type student{
        name:String!
        score:[itemScore]
    }
    type Query{
        Hello: String!
        student:student!
    }
`;
```

代码解析：

（1）通过 type 关键字自定义类型，Query 类型是查询入口，必须存在且需保持唯一，其他的类型名称为自定义。

（2）type student{}代码块中包含两个属性，分别是 name 属性和 score 属性。其中，score 属性为数组。

（3）通过 type itemScore{}代码块设定数组中每个对象的数据类型。

（4）在 Query 查询入口中自定义 student 属性，属性值为定义的 student。

客户端调试工具的查询代码如下：

```
query ExampleQuery {
    student{
        name
        score{
            name
            score
        }
    }
}
```

查询结果响应数据如下：

```
{
    "data": {
        "student": {
            "name": "zs",
            "score": [
                {
                    "name": "PHP",
                    "score": 99
                },
                {
                    "name": "asp",
                    "score": 98
                }
            ]
        }
    }
}
```

12.5　参　数　传　递

本节讲解客户端如何通过参数传递进行简单的逻辑判断。

案例需求：客户端传入 id 参数，当传入的参数大于 18 时，服务器响应 NO，否则服务器响应 OK。

返回 app.js 入口文件，在服务器端定义查询类型的同时进行参数定义。示例代码如下：

```
//定义数据类型
const typeDefs =gql `
    #查询类型
    type Query{
        Hello(id:Int): String!
```

```
    }
`;
```

代码解析：

上述代码定义查询 Hello 属性可以传递 id 参数，并且 id 的数据类型为 Int 类型。

如何获取客户端传递的参数呢？当然是在 resolvers 对象中获取。示例代码如下：

```
//定义返回给客户端的数据
const resolvers = {
    Query: {
        Hello: (parent,args) => {
            if(args.id<18){
                return 'NO'
            }else{
                return 'OK'
            }
        }
    },
};
```

代码解析：

Hello 回调函数的第 2 个参数就是客户端所传递的数据，根据传过来的 id 给客户端做出响应即可。

最后返回客户端，在查询 Hello 属性的同时进行参数传递，查询代码如下：

```
query ExampleQuery {
    Hello (id:1)
}
```

客户端响应结果如下：

```
{
    "data": {
        "Hello": "NO"
    }
}
```

由于客户端传递的 id 为 1，小于 18，所以服务器端响应 NO。

🔊 **注意**：服务器端定义的参数可以设置默认值。例如，为 id 参数设置默认值 20，代码如下：

```
const typeDefs =gql `
    #查询类型
    type Query{
        Hello(id:Int=20): String!
    }
`;
```

如果客户端查询 Hello 属性时没有特意传递参数，id 参数将使用默认值 20。

12.6　标　量　类　型

标量类型，通俗地讲，就是数据的类型，常见的有 Int、String、Float、Boolean 和 ID。
定义 student 学生类型，演示上述所有的标量类型。示例代码如下：

```
//定义数据类型
const typeDefs =gql `
    type student{
        id:ID
        name:String
        age:Int
        sex:Boolean
        score:Float
    }
    #查询入口
    type Query{
        student:student
    }
`;
```

在 resolvers 对象中，根据定义的数据类型为客户端返回数据。示例代码如下：

```
const resolvers = {
    Query: {
        student:()=>{
            return{
                id:'100',
                name:'xm',
                age:18,
                sex:true,
                score:99.9
            }
        }
    },
};
```

实际项目开发中，上述代码中的 id 属性不需要手动填写，借助第三方 uuid 模块会自动
生成。操作方法如下：

（1）首先在项目中运行下述命令，安装 uuid 模块。

```
npm install uuid
```

（2）在项目中导入 uuid 模块。

```
//导入uuid模块
const { v4: uuidv4 } = require('uuid');
```

（3）最后调用 uuid 方法，生成 id 属性值。

```
//定义返回给客户端的数据
const resolvers = {
    Query: {
        student:()=>{
            return{
                id:uuidv4(),
                //...
            }
        }
    },
};
```

客户端查询结果如图 12-2 所示。

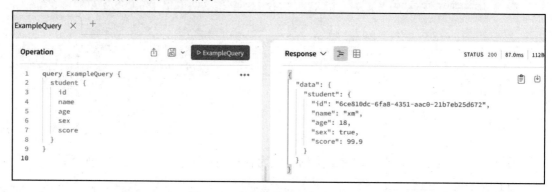

图 12-2　客户端获取服务器端数据

由图 12-2 可知，客户端已成功获取服务器端定义的数据，id 属性是自动生成的字符串。

12.7　枚　举　类　型

枚举类型就是将属性的值限定在一个集合中，是一种特殊的标量，通过关键字 enum 进行定义。示例代码如下：

```
const typeDefs =gql `
    #枚举类型
    enum name{
        php
        asp
        node
    }
    #查询入口
    type Query{
        name:name
```

```
   }
`;
```

代码解析：

上述代码中，使用 enum 定义枚举类型，表示 name 的返回值只能是 php、asp 或者 node 中的一个。

在 resolvers 对象中，返回给客户端的数据如下：

```
//定义返回给客户端的数据
const resolvers = {
    Query: {
        name:()=>{
            return '123'
        }
    },
};
```

🔊 **注意**：响应给客户端的数据为 123，并不是枚举类型中定义的数据。

在客户端查询 name 属性，查询结果如图 12-3 所示。

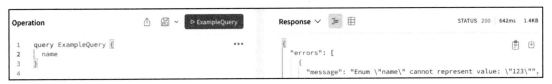

图 12-3　客户端报错

通过图 12-3 可知，如果返回的数据不是枚举集合中设定的数据，客户端就会报错。

12.8　input 输入类型

input 输入类型主要用于数据的变更操作，如新增、更新数据等，之前讲解的 Query 类型主要用于数据的查询操作。

通过 input 关键字定义输入类型，如实现用户注册功能，示例代码如下：

```
//定义数据类型
const typeDefs =gql `
    #输入类型
    input userInfo{
        username:String
        password:String
    }
```

```
type register{
    username:String
    password:String
}
#变更类型入口
type Mutation{
    #定义 register 属性，并定义参数接收输入类型
    register(userInfo:userInfo):register
}
#查询入口
type Query{
    hello:String
}
`;
```

代码解析：

（1）通过 input 关键字声明 userInfo 输入类型，定义用户名和密码的验证规则。

（2）查询类型的入口是 type Query{}，而输入类型的入口是 type Mutation{}，也称为变更类型。

（3）在 type Mutation 变更类型中定义 register 属性，并定义 userInfo 参数，参数值为输入类型定义的 userInfo。

数据类型定义完成之后，在 resolvers 对象中获取客户端传递的数据，示例代码如下：

```
const resolvers = {
    Query: {
        hello:()=>'Hello'
    },
    Mutation:{
        register:(parent,args)=>{
            console.log(args)
            return{
                username:args.userInfo.username,
                password:args.userInfo.password
            }
        }
    }
};
```

代码解析：

在 resolvers 对象中使用 Mutation 属性解析变更类型数据，与 Query 属性平级。通过回调函数的第 2 个参数，可获取客户端发送的数据。

通过 GraphQL 客户端调试工具进行测试，测试结果如图 12-4 所示。

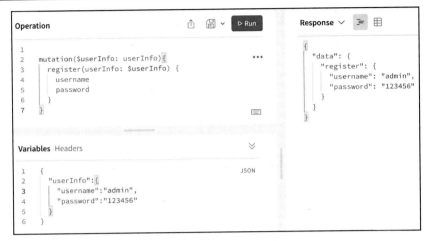

图 12-4　测试输入类型

由图 12-4 可知，服务器端已成功获取客户端发送的用户名和密码。

12.9　回调函数参数详解

在 resolvers 对象中，属性的回调函数包括 4 个参数，分别是 parent、args、context 和 info。前面已经出现过 args 参数，作用是获取客户端传递的数据。本节重点讲解其他 3 个参数的使用。

1. parent 参数

parent 参数表示上一级（父级）对象信息，在子节点中使用。下面通过定义用户信息，演示 parent 参数的使用。示例代码如下：

```
//定义数据类型
const typeDefs =gql `
  #定义用户信息类型
  type userInfo{
     username:String
     password:String
  }
  #查询入口
  type Query{
     hello:String
     userInfo:userInfo
  }
`;
```

在 resolvers 对象中定义具体数据，示例代码如下：

```
//定义返回给客户端的数据
const resolvers = {
    Query: {
        hello:()=>'Hello',
        userInfo:(parent)=>{
            console.log(parent)  //undefined
            return{
                username:'admin',
                password:'123456'
            }
        }
    }
};
```

代码解析：

userInfo 属于父节点，由于 parent 参数不能在父节点中使用，所以 console.log(parent) 的结果为 undefined。

正确的使用方法是在 resolvers 对象中定义 userInfo，在子节点中使用 parent。示例代码如下：

```
//定义返回给客户端的数据
const resolvers = {
    Query: {
        hello:()=>'Hello',
        userInfo:(parent)=>{
            console.log(parent)  //undefined
            return{
                username:'admin',
                password:'123456'
            }
        }
    },
    userInfo:{
        username:(parent)=>{
            console.log(parent)
            //{ username: 'admin', password: '123456' }
        }
    }
};
```

代码解析：

username 是 userInfo 的子节点，parent 的打印结果为{ username: 'admin', password: '123456' }。

在子节点中可以修改父节点的值。例如，如果父节点中 username 的值为 admin，则修改成"用户名已存在"；如果 username 的值为其他信息，则原样输出。示例代码如下：

```
const resolvers = {
```

```
Query: {
    hello:()=>'Hello',
    userInfo:(parent)=>{
        console.log(parent) //undefined
        return{
            username:'admin',
            password:'123456'
        }
    }
},
userInfo:{
    username:(parent)=>{
        console.log(parent)
        //{ username: 'admin', password: '123456' }
        if(parent.username=='admin'){
            return '用户名已存在'
        }else{
            return parent.username
        }
    }
}
};
```

代码解析：

在父节点 userInfo 中，username 的值为 admin。在客户端查询 userInfo，服务器端应该响应"用户名已存在"，查询结果如图 12-5 所示。

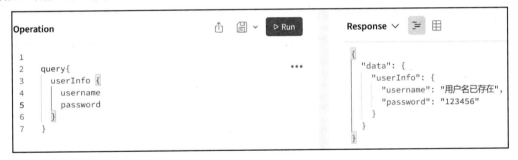

图 12-5　parent 参数的使用

2. context 参数

context 参数用于对数据进行上下文传递，如操作数据库中的数据、操作第三方接口等。

context 参数的使用分为以下 3 步：

（1）定义方法，获取数据源对象。

（2）将方法作为参数传递给 ApolloServer。

（3）在 resolvers 对象中使用 context 参数。

第 1 步，定义方法，获取数据源对象。示例代码如下：

```
const context=()=>{
    return{
        db:{
            msg:'Hello World'
        }
    }
}
```

第 2 步，将方法作为参数传递给 ApolloServer。示例代码如下：

```
apolloServer = new ApolloServer({
    //固定属性
    typeDefs,
    resolvers,
    context
});
```

第 3 步，在 resolvers 对象中使用 context 参数获取数据，示例代码如下：

```
const resolvers = {
    Query: {
        hello:(parent,args,context)=>{
            console.log(context)
            return context.db.msg
        },
    }
};
```

通过客户端调试工具查询 hello 属性，测试结果如图 12-6 所示。

图 12-6 context 参数的使用

由图 12-6 可知，resolvers 对象已成功获取 context 函数返回的数据库中的数据。

3. info 参数

info 参数用于保存与当前查询相关的属性信息，以及类型定义的相关信息。关于 info 参数，读者了解即可，不用深究。

第 13 章

新闻管理系统

本章将引领读者进行 Node.js 实践项目开发。通过开发一个新闻管理系统，把 Express 框架、MySQL 数据库，以及各种常用的中间件都结合起来，使读者快速掌握 Node.js 实践项目开发技巧。

通过本章内容的学习，读者可以熟练掌握各种 SQL 语句的编写，并能在 Express 框架中熟练使用 SQL 语句对新闻进行增、删、改、查操作。

13.1　初始化项目

初始化项目包括以下 3 个步骤：

（1）初始化包管理配置文件。

（2）安装 Express 框架。

（3）在根目录下创建 app.js 文件作为项目的入口文件，并创建基本服务器。

第 1 步，新建 node_project 文件夹作为新闻管理系统 API 接口的站点。然后在终端打开 node_project 站点，运行下述命令，初始化包管理配置文件。

```
npm init
```

在初始化包管理配置文件的过程中，一直按 Enter 键继续下一步操作即可。

第 2 步，包管理配置文件初始化完成后，运行下述命令，安装 Express 框架。

```
npm install express
```

第 3 步，创建 app.js 入口文件，并创建基本服务器。示例代码如下：

```
//导入 Express 框架
const express=require('express')
//创建 Express 服务器实例对象
const app=express()
//设置端口号并启动服务器
app.listen(80,()=>{
    console.log('服务器启动成功，请访问 http://127.0.0.1')
})
```

📢 **注意**：上述代码中只创建了基本服务器，当前并未接收到任何客户端请求。

13.2　配置常用中间件

基础服务器创建成功之后，需要配置项目中常用的中间件。例如，如果最终上线的 API 接口需要进行跨域访问，就需要配置 CORS 中间件；如果客户端请求数据时需要携带请求体参数，就需要配置解析表单数据的中间件。

1. 配置 CORS 跨域中间件

配置 CORS 中间件分为两步，首先安装 CORS 中间件，然后再将 CORS 配置成全局中间件。

运行下述命令，安装 CORS 中间件。

```
npm install cors
```

在 app.js 文件中导入 CORS 中间件，并进行配置。示例代码如下：

```
//导入 CORS 中间件
const cors=require('cors')
//使用 app.use 将 CORS 注册成全局中间件
app.use(cors())
```

2. 配置解析表单数据的中间件

Express 框架中内置了解析表单数据的中间件，不需要再安装第三方中间件。使用 express.urlencoded()即可解析表单数据，示例代码如下：

```
app.use(express.urlencoded({extended:false}))
```

代码解析：

使用 app.use()注册全局中间件，当前中间件只能解析。

新闻管理系统中，客户端发送的请求体数据均为 application/x-www-form-urlencoded 数据格式，所以无须再配置其他解析表单数据的中间件。

13.3　创建路由模块

在根目录下新建 router 和 router_fn 文件夹，用来存放路由模块。其中，router 文件夹用来存放客户端请求地址和事件处理函数之间的映射关系；router_fn 文件夹用来存放路由事件处理函数。

13.3.1　初始化路由模块

在 router 文件夹中创建 user.js 文件，用于保存所有和用户相关的路由对应关系。初始化代码如下：

```
const express=require('express')
//创建路由对象
const router=express.Router()
//注册 API 接口
router.post('/register',(req,res)=>{
    res.send({status:0,message:'register OK'})
})
//共享路由对象
module.exports=router
```

代码解析：

使用 express.Router()方法创建路由实例对象，并在路由对象中挂载了一个 POST 请求类型的注册接口。

user.js 文件作为自定义路由模块，需要遵循 CommonJS 规范，往外共享成员，所以上述代码使用 module.exports 共享路由对象。

路由模块定义成功之后，就可以在 app.js 入口文件中导入路由模块了。示例代码如下：

```
//导入路由自定义模块
const user_router=require('./router/user')
//将路由模块注册成全局中间件
app.use('/api',user_router)
```

代码解析：

在 app.use()方法中，第 1 个参数是客户端路由请求地址的前缀。例如，当前 user.js 路由模块中有注册接口，客户端发送请求的地址为 http://127.0.0.1/api/register，在访问接口时必须加上 api 前缀。

📢 **注意**：app.use('/api',user_router)代码段应位于跨域中间件和解析表单数据中间件之后。

在终端运行 app.js 文件，通过 Postman 工具测试注册接口，如图 13-1 所示。

从图 13-1 可以看出，当客户端请求 http://127.0.0.1/api/register 接口时，服务器可以响应数据对象。

13.3.2　抽离路由模块事件处理函数

当前的 user.js 路由模块中，路由 URL 请求规则和对应的事件处理函数都写在一个文件中。代码如下：

```
//注册 API 接口
router.post('/register', (req,res)=>{
    res.send({status:0,message:'register OK'})
})
```

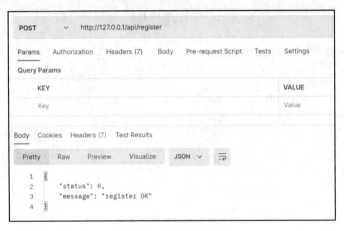

图 13-1　测试注册接口

这种写法非常不利于后期维护。有时一个事件处理函数就需要几十行代码，页面会显得很杂乱。规范的写法是将事件处理函数单独封装成一个模块。实现思路如下：

（1）在 router_fn 目录下，新建 user.js 文件，存放和用户相关的事件处理函数。

（2）在 user.js 文件中，使用 exports 往外共享事件处理函数，供其他模块使用。

首先将注册的事件处理函数抽离到 user.js 文件中，代码如下：

```
exports.register=(req,res)=>{
    res.send({status:0,message:'register OK'})
}
```

事件处理函数模块定义完成之后，在 user.js 文件中导入新模块，并调用 register 方法。最终抽离完成的代码如下：

```
const express=require('express')
//导入事件处理函数模块
const userFn=require('../router_fn/user')
const router=express.Router()
//使用 userFn 模块下的 register 方法
router.post('/register',userFn.register)
module.exports=router
```

13.4　创建 db_users 表

服务器端基础配置完成之后，开始操作 MySQL 数据库。不管是登录和注册，还是对文章的增、删、改、查，都是在操作数据库中的真实数据。下述内容为服务商提供的数据库信息。

☑　数据库 IP 地址：5.252.164.181。

☑　数据库账号：webedu。

☑　数据库密码：5b2NxdXGBmKN3H8c。

☑　数据库名称：webedu。

使用 Navicat 连接 webedu 数据库，然后新建 db_users 表，用于保存用户信息。

db_users 表的设计结构如表 13-1 所示。

表 13-1　db_users 表设计结构

字　　段	数 据 类 型	描　　述
id	INT	主键（必填）
username	VARCHAR	用户名（必填）
password	VARCHAR	密码（必填）
email	VARCHAR	邮箱（选填）
user_img	TEXT	头像（选填）

数据表创建成功之后，在表中新增一条测试数据。新增一个用户，如图 13-2 所示。

图 13-2　新增用户

13.5　安装 mysql 模块

数据表创建完成后，接下来要在 Express 项目中操作 MySQL 数据库，这就需要使用 mysql 第三方模块先连接到数据库。

运行下述命令，安装 mysql 第三方模块。

```
npm install mysql
```

mysql 模块安装成功之后，需要配置 mysql，步骤如下：

（1）在根目录下新建 db 文件夹，在 db 文件夹中新建 index.js 文件，用来保存数据库连接对象。

（2）配置数据库连接对象，示例代码如下：

```
//导入mysql 模块
const mysql=require('mysql')
//创建数据库连接对象
const db=mysql.createPool({
    //数据库IP地址
    host:'5.252.164.181',
    //数据库账号
    user:'webedu',
    //数据库密码
    password:'5b2NxdXGBmKN3H8c',
    //数据库名称
    database:'webedu'
})
//共享数据库连接对象
module.exports=db
```

代码解析：

使用mysql.createPool()方法创建数据库连接对象，并且通过module.exports往外共享实例对象。后期哪个模块需要操作数据库，只需要调用index.js模块中的db对象，即可连接到数据库。

13.6 注册API接口

注册API接口的路由地址和MySQL数据库配置完成后，接下来需要实现注册功能。注册功能的实现需要通过如下4步：

（1）检测客户端提交的表单数据。

（2）查询用户名是否已被占用。

（3）对密码进行加密。

（4）将客户端提交的用户信息插入数据库中。

第1步，检测客户端提交的表单数据。在db_users表中，由于username 和password这两个字段为必填项，因此打开routerFn/user.js文件，找到注册的事件处理函数，检查用户提交的用户名和密码是否为空。示例代码如下：

```
//注册事件处理函数
exports.register=(req,res)=>{
    //获取客户端提交的表单数据，urlencoded格式
    const userInfo=req.body
    //第1步：判断用户名和密码是否为空
    if(!userInfo.username||!userInfo.password){
        return res.send({status:1,message:'用户名或密码为空！'})
```

```
    }
    //第 2 步...
}
```

代码解析：

（1）在 app.js 入口文件中已提前配置好了获取表单数据的中间件，用户提交的表单数据可以使用 req.body 获取。

（2）使用 if 语句判断 req.body 中是否包含用户名和密码，如果为空，使用 return 终止程序，并向客户端响应原因；如果不为空，则进入第 2 步。

第 2 步，检查用户名在数据库中是否已经存在（因为用户名在数据库中是不允许重复的）。先定义查询用户名是否存在的 SQL 语句，再执行该 SQL 语句。

查询用户名是否存在，需要在 db_users 表中查询。要想使用数据库连接模块，需要在事件处理函数中先导入 db/index.js 模块。示例代码如下：

```
//导入数据库连接模块
const db=require('../db/index')
```

定义待执行的 SQL 语句，查询用户名是否存在，并使用 db.query()方法执行 SQL 语句。示例代码如下：

```
//第 2 步代码
//定义待执行的 SQL 语句
const sql=`select * from db_users where username=?`
//执行 SQL 语句
db.query(sql,userInfo.username,(err,result)=>{
    //执行 SQL 语句失败
    if(err){
        return res.send({status:1,message:err.message})
    }
    //用户名已存在
    if(result.length>0){
        return res.send({status:1,message:'用户名已存在！'})
    }
    //第 3 步...
```

代码解析：

（1）执行 SQL 语句时，回调函数为执行结果。如果 err 的值为 true，则表示 SQL 语句执行失败。

（2）如果 select 语句执行成功，结果将是一个数组。判断数组长度是否大于 0，如果大于 0，则表示可查询到数据，即该用户名已经存在；如果没有查询到数据，则进入第 3 步，对密码进行加密。

通过 Postman 工具测试用户名是否存在，结果如图 13-3 所示。

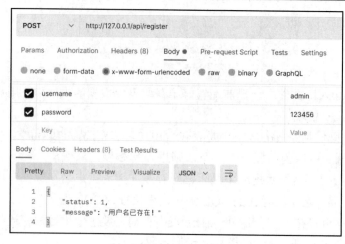

图 13-3　测试已存在的用户

因为数据库中已经存在 username 为 admin 的数据，所以响应回来的内容是"用户名已存在！"。

第 3 步，对客户端提交的密码进行加密。实际项目开发中，不能直接把密码保存到数据库里，而需要先对密码进行加密，这样即使数据库后期被破解，也能保证用户数据的安全性。

在项目中对密码进行加密，可以使用 bcryptjs 模块，其优点如下：

☑　加密之后的密码不能再进行逆向破解，可有效提高加密的安全性。

☑　对同样的密码进行加密，加密之后的结果是不同的。

要使用 bcryptjs 模块，首先需要在项目中安装该模块。运行下述命令，安装 bcryptjs 模块。

```
npm install bcryptjs
```

在 routerFn/user.js 事件处理函数顶部模块中导入 bcryptjs 模块，代码如下：

```
//导入 bcryptjs 模块
const bcrypt=require('bcryptjs')
```

导入 bcryptjs 模块后，就可以使用 bcrypt.hashSync()方法对客户端提交的密码进行加密了，返回值就是加密完成的密码。示例代码如下：

```
//第 3 步代码
//使用 bcrypt.hashSync()方法对密码进行加密
userInfo.password=bcrypt.hashSync(userInfo.password,10)
console.log(userInfo.password)
//第 4 步...
```

代码解析：

bcrypt.hashSync()方法需要传入两个参数，第 1 个参数为客户端提交的明文密码，第 2

个参数是随机长度，作用是提高密码安全性。

bcrypt.hashSync()方法的返回值为加密完成之后的密码，在上述代码中，将加密后的密码重新赋值给了 userInfo.password。

客户端重新发送请求，在终端加密完成的密码如图 13-4 所示。

```
问题　输出　终端　调试控制台

[nodemon] to restart at any time, enter `rs`
[nodemon] watching path(s): *.*
[nodemon] watching extensions: js,mjs,json
[nodemon] starting `node app.js`
服务器启动成功，请访问http://127.0.0.1
[Object: null prototype] { username: 'admin1', password: '123456' }
$2a$10$GNeQe0vwhAjYW/f.wB0DmOlih0RE0i794srO04nPeCWyXI1GJDwcK
```

图 13-4　密码加密

在终端打印的第一行信息是客户端提交的数据，username 为 admin1，password 为 123456，打印的第二行信息就是加密之后的密码，从原先的 123456 变成了 $2a$10$GneQe0vwh AjYW/f.wB0DmOlih0RE0i794srO04nPeCWyXI1GJDwcK。

第 4 步，新增数据，完成注册。也就是把客户端提交的数据新增到数据库中。

首先定义待执行的 SQL 语句，然后调用 db.query()方法执行 SQL 语句。示例代码如下：

```
//第 4 步代码
    //定义待执行的新增语句
    const sql=`insert into db_users set ?`
    //执行新增语句
    db.query(sql,userInfo,(err,result)=>{
        //执行 SQL 语句失败
        if(err){
            return res.send({status:1,message:err.message})
        }
        //执行 SQL 语句成功，但是影响函数不等于 1
        if(result.affectedRows!==1){
            return res.send({status:1,message:'注册失败'})
        }
        //注册成功
        res.send({status:0,message:'注册成功'})
    })
```

代码解析：

insert 新增语句的简单写法是在 set 关键字后面直接传入对象。上述代码中，userInfo 是客户端以对象形式传递的表单数据，所以占位符的内容就是 userInfo。

至此，注册功能已经完成。通过 Postman 工具新增一个用户，username 为 admin1，密码为 123456，测试结果如图 13-5 所示。

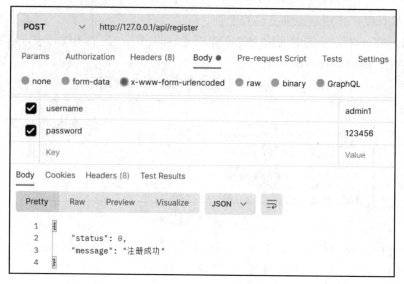

图 13-5　注册新用户

刷新 db_users 表，结果如图 13-6 所示。

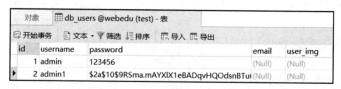

图 13-6　新用户已插入数据表

13.7　使用@escook/express-joi 中间件验证表单数据

注册功能虽然已经实现，但对用户提交的用户名和密码并没有进行合法性验证。例如，未对用户名和密码的长度、是否包含特殊字符等进行验证。

在实际项目开发中，前端和后端都需要对表单数据进行验证。后端作为操作数据库的最后一步，进行数据验证非常重要。

可以使用@escook/express-joi 第三方中间件进行数据验证，下面介绍使用方法。

1. 安装@escook/express-joi 中间件和 joi 依赖包

安装命令如下：

```
npm install @escook/express-joi
npm install joi@17.4.0
```

@escook/express-joi 中间件的作用是对表单数据进行验证，joi 依赖的作用是定义验证规则。

2．使用 joi 模块定义验证规则

在项目根目录下新建 schema 目录，在 schema 目录下新建 user.js 文件，用于存放和用户相关的验证规则。然后使用 joi 模块定义验证规则，示例代码如下：

```
//导入验证规则模块
const Joi = require('joi')
//定义用户名验证规则
const username=Joi.string().alphanum().min(6).max(12).required()
//定义密码验证规则
const password=Joi.string().pattern(/^[\S]{6,15}$/).required()
//往外共享验证规则对象
//验证注册表单数据
exports.regsiter_schema={
    //验证 req.body 中的数据
    body:{
        username:username,
        password:password
    },
    //验证 req.query 中的数据
    query:{},
    //验证 req.params 中的数据
    params:{}
}
```

代码解析：

（1）在 schema/user.js 文件中，首先导入 joi 验证模块，然后使用 joi 提供的方法定义用户名和密码的验证规则。常用的验证规则有如下几条：

☑　string()：必须为字符串类型。

☑　alphanum()：只能由数字和字母组成，不能有特殊符号。

☑　min(6)：最小长度为 6。

☑　max(12)：最大长度为 12。

☑　required()：必填项。

☑　pattern()：自定义正则表达式。

（2）验证规则定义完成后，需要使用 exports 往外共享验证规则对象。在验证规则对象中有 3 个属性，表示可以验证 3 类客户端提交的数据，分别是 body、query 和 params 属性。其中，body 属性表示验证 req.body 中的数据；query 属性表示验证 req.query 中的数据；params 属性表示验证 req.params 中的数据。这 3 个属性是按需求导入的，在实际项目开发中，哪里的数据需要验证，就使用哪个属性。

当前项目中，客户端发送的表单数据在 req.body 中，所以使用 body 属性验证客户端的

username 和 password。由于客户端传递的属性和自定义的属性名字相同，根据 es6 规则，验证规则对象代码可以简写成下述形式：

```
//验证注册表单数据
exports.regsiter_schema={
    //验证 req.body 中的数据
    body:{
        username,
        password
    }
}
```

3. 在 router/user.js 路由模块中使用验证规则对象

在 router/user.js 中，首先导入@escook/express-joi 验证表单数据的中间件，然后导入第 2 步中的验证规则对象。示例代码如下：

```
//导入验证表单数据中间件
const expressJoi=require('@escook/express-joi')
//导入验证规则对象
const {regsiter_schema}=require('../schema/user')
```

接下来，在注册路由中把 expressJoi 当作局部中间件使用。示例代码如下：

```
//注册路由对应关系
router.post('/register',expressJoi(regsiter_schema),userFn.register)
```

代码解析：

在 URL 请求地址和事件处理函数之间使用 expressJoi(regsiter_schema)中间件，并传入 regsiter_schema 验证规则对象。这种中间件的使用方法为局部中间件，只对当前注册接口生效。

当前程序的执行流程：客户端填写表单数据发送请求到达服务器之后，请求体中的数据先进入 expressJoi(regsiter_schema) 中间件进行验证。如果请求体中的数据符合 regsiter_schema 验证规则对象，就交给后面的 userFn.register 事件处理函数。

4. 在 app.js 入口文件中定义错误类型中间件

如果请求体中的数据不符合验证规则，就需要终止程序，并把错误原因响应给客户端。此时，就需要在 app.js 入口文件中定义错误类型中间件，以捕获错误。

定义错误类型中间件，捕获验证失败的错误。示例代码如下：

```
//定义错误类型中间件
app.use(function (err, req, res, next) {
    // 参数校验失败
    if (err instanceof Joi.ValidationError) {
        return res.send({
            status: 1,
```

210

```
    message: err.message
  })
}
//其他错误
res.send({
  status: 1,
  message: err.message
  })
})
```

代码解析：

如果错误类型是 Joi.ValidationError 导致的，则说明数据校验失败，终止程序，并把错误原因响应给客户端。

🔊 **注意：** 在 app.js 中使用 Joi.ValidationError，需要先把 joi 模块使用的 require('joi') 进行导入。

最后，通过 Postman 工具发送请求，username 为 admin2，password 为 123，当前密码的长度是错误的，测试结果如图 13-7 所示。

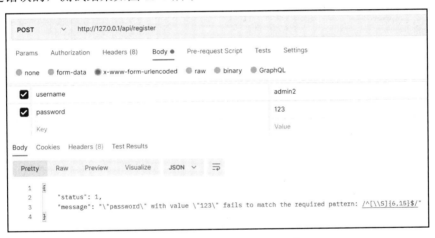

图 13-7 验证表单数据是否合法

从图 13-7 中可以看出，错误信息已经被捕获，并且提示客户端密码的长度应该在 6 位到 15 位之间，由此可见验证表单数据的中间件已经配置完成。

13.8 登录 API 接口

本节进行登录 API 接口的开发。打开 router/user.js 文件，新建登录 API 接口路由对应关系，示例代码如下：

```
//登录 API 接口路由对应关系
```

```
router.post('/login',(req,res)=>{
    res.send({status:0,message:'login OK'})
})
```

路由模块只负责处理对应关系，接下来抽离事件处理函数，将事件处理函数抽离到 routerFn/user.js 模块中。示例代码如下：

```
exports.login=(req,res)=>{
    res.send({status:0,message:'login OK'})
}
```

事件处理函数抽离出去之后，在 router/user.js 路由模块中登录接口，只需调用 login 方法即可。代码如下：

```
//登录 API 接口路由对应关系
router.post('/login',userFn.login)
```

登录 API 接口路由对应关系创建完成之后，通过 Postman 工具测试接口，测试结果如图 13-8 所示。

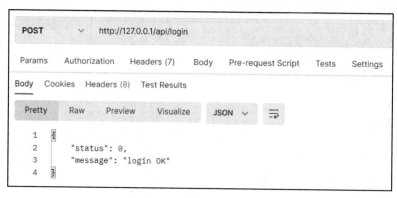

图 13-8　测试登录接口

从图 13-8 中可以看出，登录接口路由模块已创建成功。

接下来，需要在事件处理函数中实现登录功能，包括如下 4 个步骤：

（1）检查用户提交的表单数据是否合法。

（2）根据客户端提交的用户名，查询数据是否已存在。

（3）判断用户提交的密码和数据库中保存的密码是否一致。

（4）使用 JWT 认证生成 Token 字符串。

第 1 步，检查用户提交的表单数据是否合法。除了要检查客户端提交的用户名和密码是否为空，还需要检查用户名和密码的字符串长度是否合适、是否包含特殊字符等。

📢 注意：在开发注册功能时，已经定义了用户名和密码的验证规则，所以登录模块可以使用同一个验证规则对象。

打开 router/user.js 模块，@escook/express-joi 中间件和验证规则对象在注册时已经导入了，代码如下：

```
//导入验证表单数据中间件
const expressJoi=require('@escook/express-joi')
//导入验证规则对象
const {regsiter_schema}=require('../schema/user')
```

在登录路由中，直接使用 expressJoi 中间件传入验证规则对象即可。示例代码如下：

```
//登录 API 接口路由对应关系
router.post('/login',expressJoi(regsiter_schema),userFn.login)
```

通过 Postman 工具测试登录接口请求体中的数据是否合法。例如，username 为 admin，密码为空，测试结果如图 13-9 所示。

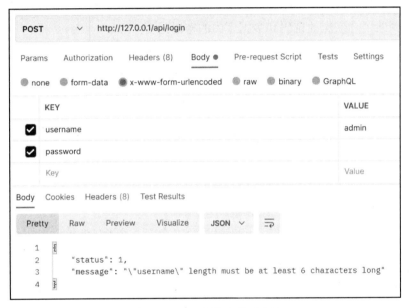

图 13-9　验证用户名是否合法

从图 13-9 中可以看出，检查表单数据是否合法的中间件已经配置成功，存在不合法的数据时会把错误原因响应给客户端，表单数据验证完成之后进入第 2 步。

第 2 步，根据客户端提交的用户名查询数据是否存在。

打开 routerFn/user.js 模块，找到 login 事件处理函数，在事件处理函数中做两件事情，首先定义待执行的 SQL 语句，然后使用 db.query()方法执行 SQL 语句，示例代码如下：

```
exports.login=(req,res)=>{
    //获取客户端提交的表单数据
    const userInfo=req.body
    //定义待执行的 SQL 语句
    const sql=`select * from db_users where username=?`
    //执行 SQL 语句
    db.query(sql,userInfo.username,(err,result)=>{
```

```
    //SQL 语句查询失败
    if(err){
        return res.send({status:1,message:err.message})
    }
    //SQL 语句执行成功，但是查询结果不等于 1
    if(result.length!==1){
        return res.send({status:1,message:'登录失败'})
    }
    //第 3 步...
    })
}
```

代码解析：

执行 SQL 语句之后，判断 result 数组长度，如果数组长度为 1，则表示该用户已存在，进入第 3 步判断用户提交的密码和数据库中的密码是否一致。

第 3 步，判断用户提交的密码和数据库中保存的密码是否一致。

用户输入的密码和数据库中的密码不能直接做比较，因为客户端提交的密码是明文密码，而数据库中的密码是加密之后的，直接做比较得到的结果肯定不同，需要调用 bcrypt.compareSync()方法进行密码比较。

bcrypt.compareSync()方法中传入两个参数，第 1 个参数为用户提交的密码，第 2 个参数为数据库中的密码，返回值为布尔类型，true 表示比较的结果一致，false 表示比较的结果不一致，示例代码如下：

```
//第 3 步代码
//比较用户输入的密码和数据库中的密码是否一致
const pwdResurl=bcrypt.compareSync(userInfo.password,
 result[0].password)
//密码不一致，表示密码错误
if(!pwdResurl){
    return res.send({status:1,message:'密码错误'})
}
//第 4 步...
```

第 4 步，使用 JWT 认证生成 Token 字符串。

进入第 4 步表示用户登录成功，使用 JWT 认证将用户的基本信息生成 Token 字符串响应给客户端，实现思路如下：

（1）获取需要响应给客户端的用户信息。

（2）安装生成 Token 字符串的模块。

（3）创建 secretKey 密钥。

（4）调用 jwt.sign()方法生成 Token 字符串。

（5）将 Token 字符串响应给客户端。

接下来根据实现思路，完成 JWT 认证，首先获取响应给客户端的用户信息，示例代码如下：

```
//第 4 步代码
    //获取响应给客户端的用户信息
    const user={...result[0],password:''}
```

代码解析：

使用 es6 展开运算符可以把当前用户的所有字段全部获取，因为是响应给客户端的，重要的信息不能携带，所以把 password 密码重新设置为空后，再赋值给 user 常量。

下一步安装 jsonwebtoken 模块，用于生成 Token 字符串，安装命令如下：

```
npm install jsonwebtoken
```

模块安装成功之后在事件处理函数模块的顶部导入 jsonwebtoken 模块，示例代码如下：

```
//导入 jsonwebtoken,用于生成 Token 字符串
const jwt=require('jsonwebtoken')
```

为了增加 Token 字符串的安全性，下一步定义 secretKey 密钥，建议在项目根目录下创建 config.js 全局配置文件，在配置文件中往外共享密钥，这种形式更加方便对 Token 字符串进行加密和解密，示例代码如下：

```
module.exports={
    secretKey:'HelloWord!@'
}
```

返回 routerFn/user.js 事件处理函数模块，在顶部导入 config.js 全局配置文件，示例代码如下：

```
//导入 config.js 全局配置文件,获取 secretKey 密钥
const config=require('../config')
```

当前响应给客户端的用户信息对象和 secretKey 密钥已获取成功,调用 jwt.sign()方法即可生成 Token 字符串。示例代码如下：

```
//第 4 步代码
    //获取响应给客户端的用户信息
    const user={...result[0],password:'',user_img:''}
    //生成 Token 字符串
    const tokenStr=jwt.sign(user,config.secretKey,{expiresIn:'24h'})
```

代码解析：

在 jwt.sign()方法中传入 3 个参数，第 1 个参数为加密的数据对象，第 2 个参数为 secretKey 密钥，第 3 个参数为 Token 字符串的有效期，当前设置的有效期为 24 小时。

最后一步将生成的 Token 字符串响应给客户端，示例代码如下：

```
//将 Token 字符串响应给客户端
    res.send({
        status:0,
        message:'登录成功',
        token:'Bearer '+tokenStr
    })
```

代码解析：

Token 字符串在客户端使用的时候需要加上"Bearer"前缀。为了方便客户端使用 Token，这里直接把前缀拼接上了。

通过 Postman 工具测试登录接口，测试结果如图 13-10 所示。

图 13-10　用户登录成功

由图 13-10 可知，用户登录成功之后，可以获取 Token 字符串，到此整个登录 API 接口开发完成。

13.9　Token 解密

客户端发送携带 Token 字符串的请求之后，服务器要对 Token 字符串进行解密，解密 Token 需要使用 express-jwt 中间件。

运行如下命令，安装 express-jwt 中间件。

```
npm install express-jwt
```

返回 app.js 入口文件，在路由模块之前配置解析 Token 的中间件。示例代码如下：

```
//导入解析 Token 的中间件
const expressJWT=require('express-jwt')
//获取 secretKey 密钥
const config=require('./config')
//使用 app.use()注册全局中间件，使用 unless()指定哪些接口不需要进行 Token 身份认证
app.use(expressJWT({secret:config.secretKey}).unless({path:[/^\/api/]}))
```

代码解析：

上述代码使用 unless()指定哪些接口不需要进行 Token 身份认证，这里设置了以"/api"

开头的接口不需要进行 Token 认证。

如果 Token 认证失败，需要在错误类型中间件中把错误原因响应给客户。示例代码如下：

```
//定义错误类型中间件
app.use(function (err, req, res, next) {
    if(err.name=='UnauthorizedError'){
        return res.send({status:1,message:'Token 认证失败'})
    }
    //其他错误...
})
```

通过 Postman 工具测试 http://127.0.0.1/my/test 接口，虽然路由模块中未定义当前接口，但是当客户端请求接口地址时，首先会执行 app.use()全局中间件，对当前接口进行 Token 验证，验证结果如图 13-11 所示。

图 13-11　对接口进行 Token 认证

🔊 注意：2020 年 7 月 7 日 JWT 更新之后，安装的 express-jwt 模块默认为 6.0.0 版本。更新后的 JWT 需要在配置中加入 algorithms 属性，即设置 JWT 的算法。

在 app.js 入口文件中，express-jwt 的配置代码需要新增 algorithms 属性，示例代码如下：

```
app.use(expressJWT({secret:config.secretKey,algorithms:['HS256']})).unless({path:[/^\/api/]}))
```

13.10　个人中心管理

本节进行用户个人中心版块的开发，通过个人中心可以修改用户信息，进行重置密码、更新头像等操作。

13.10.1　获取当前用户的 API 接口

在个人中心版块中，首先要获取当前用户的信息。下述内容为发送给客户端的用以获取当前用户信息的接口文档。

- ☑　接口描述：获取用户信息。
- ☑　请求 URL 地址：/users/userinfo。
- ☑　请求方式：GET。
- ☑　Header：Authorization:Token 字符串。
- ☑　参数：无。
- ☑　返回示例：

```
{
    "status": 0,
    "message": "查询用户信息成功",
    "data": {
        "id": 2,
        "username": "admin1",
        "email": null,
        "user_img": null
    }
}
```

客户端通过上述接口文档调用接口，由服务器端实现接口功能，实现步骤包括 3 步。

（1）新建路由模块。

（2）抽离事件处理函数模块。

（3）获取用户信息。

第 1 步，新建路由模块。在 router 目录下新建 userinfo.js 文件，用于存放和个人中心相关的路由信息。初始化代码如下：

```
//导入 Express 框架
const express=require('express')
//创建路由对象
const router=express.Router()
//获取用户信息接口
router.get('/userinfo',(req,res)=>{
    res.send({status:0,message:'userinfo OK'})
})
//共享路由对象
module.exports=router
```

路由模块创建完成之后，在 app.js 入口文件中引用并进行配置，示例代码如下：

```
//导入 router/userinfo.js 路由模块
const userinfo_router=require('./router/userinfo')
```

```
//将路由模块注册成全局中间件，并配置/users 前缀
app.use('/users',userinfo_router)
```

通过 Postman 工具测试接口是否创建成功，测试结果如图 13-12 所示。

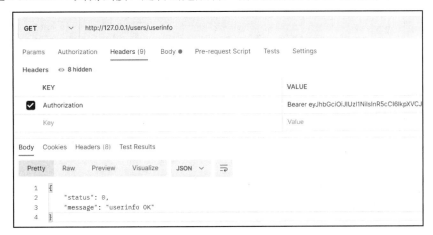

图 13-12　获取用户信息接口

从图 13-12 中可以看出，/users/userinfo 接口已经开通。

📢 **注意**：只有/api 开头的接口地址不需要进行 Token 验证。当前接口为/users 开头，需要在 Header 中携带 Token 字符串，即添加 Authorization 属性、值为"登录成功"的 Token 字符串。

第 2 步，抽离事件处理函数。打开 router/userinfo.js 文件，当前路由对应关系和事件处理函数是混在一块的，接下来需要抽离事件处理函数。

在 router_fn 目录下新建 userinfo.js 文件，存放和个人中心相关的事件处理函数。示例代码如下：

```
//共享 getUserInfo 事件处理函数
exports.getUserInfo=(req,res)=>{
    res.send({status:0,message:'userinfo OK'})
}
```

返回 router/userinfo.js 文件，导入事件处理函数模块，并分离模块。示例代码如下：

```
//导入事件处理函数模块
const userinfo_fn=require('../router_fn/userinfo')
//获取用户信息
router.get('/userinfo',userinfo_fn.getUserInfo)
```

事件处理函数抽离完成之后，通过 Postman 工具测试是否成功，测试结果如图 13-13 所示。

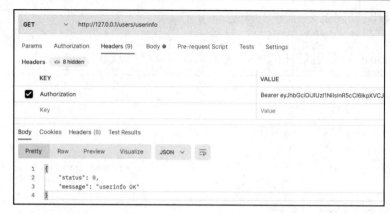

图 13-13 抽离事件处理函数

第 3 步，根据 id 获取用户信息。实现过程分为定义 SQL 语句和执行 SQL 语句。

打开 router_fn/userinfo.js 事件处理函数模块，示例代码如下：

```
//导入数据库连接对象
const db=require('../db/index')
//共享 getUserInfo 事件处理函数
exports.getUserInfo=(req,res)=>{
    //保证用户安全性，查询用户时要排除密码字段
  const sql=`select id,username,email,user_img from db_users where id=?`
    //执行 SQL 语句，Token 解密成功之后，会自动把解密信息挂载到 req.user 属性中
  db.query(sql,req.user.id,(err,result)=>{
        //SQL 语句执行失败
        if(err){
            return res.send({status:1,message:err.message})
        }
        //SQL 语句执行成功，但是查询结果不等于 1
        if(result.length!==1){
            return res.send({status:1,message:'查询用户信息失败'})
        }
        //查询用户成功
        res.send({
            status:0,
            message:'查询用户信息成功',
            data:result[0]
        })
    })
}
```

代码解析：

（1）在事件处理函数模块中，要想操作数据库，需要先在顶部使用 require()方法导入数据库模块。

（2）定义待执行的 SQL 语句。这里没有使用"select * "查询用户所有信息，是为了

保证用户的安全性，没有把密码信息响应给客户端。

（3）当前用户的 id 属性在 Token 字符串中，使用 express-jwt 中间件解密之后，会把解密的信息挂载到 req.user 属性上，所以 id 的值为 req.user.id。

查询成功之后，使用 res.send()方法将查询结果响应给客户端，通过 Postman 工具测试接口，测试结果如图 13-14 所示。

图 13-14　查询用户信息

13.10.2　更新用户信息的 API 接口

在个人中心版块中，还提供了更新用户信息的接口。下述内容为发送给客户端的用以更新用户信息的接口文档。

☑　接口描述：更新用户信息。

☑　请求 URL 地址：/users/userinfo。

☑　请求方式：POST。

☑　Header:Authorization:Token。

☑　请求体：如表 13-2 所示。

表 13-2　更新用户信息接口的请求体信息

参 数 名 称	是 否 必 填	类　　型	说　　明
id	是	int	用户 id
email	是	string	邮箱

☑　返回示例：

```
{
    "status": 0,
    "message": "更新成功"
```

```
}
```

要实现上述功能接口，需要通过以下 3 步：

（1）定义路由及事件处理函数。

（2）验证用户提交的表单数据是否合法。

（3）实现更新功能。

第 1 步，定义路由及事件处理函数。打开 router/userinfo.js 文件，新增更新用户信息路由。示例代码如下：

```
//更新用户信息
router.post('/userinfo',(req,res)=>{
    res.send({status:0,message:'userinfo OK'})
})
```

将事件处理函数抽离到 router_fn/userinfo.js 模块中，示例代码如下：

```
//共享 updateUserInfo 更新用户处理函数
exports.updateUserInfo=(req,res)=>{
    res.send({status:0,message:'userinfo OK'})
}
```

修改路由模块，在更新用户信息接口中调用 updateUserInfo 方法。示例代码如下：

```
//更新用户信息
router.post('/userinfo',userinfo_fn.updateUserInfo)
```

通过 Postman 工具测试接口是否开通，测试结果如图 13-15 所示。

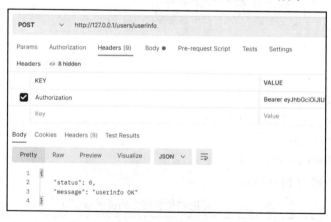

图 13-15　更新用户接口

从图 13-15 中可以看出，更新用户信息的接口已经开通。测试接口需要在 Header 请求头中携带 Token 字符串，因为此接口是有权限的接口。

第 2 步，验证用户提交的表单数据是否合法。客户端发送请求时，需要携带 id 和 email 请求体数据。其中，id 为整数类型，为必填项；email 要符合邮箱规则，也是必填项。然后使用 express-joi 中间件验证表单数据是否合法。

222

打开 schema 目录下的 user.js 验证规则模块，定义 id 和 email 字段的验证规则。示例代码如下：

```
//定义 id 验证规则
const id=Joi.number().integer().min(1).required()
//定义 email 验证规则
const email=Joi.string().email().required()
```

验证规则定义完成之后，使用 exports 往外共享验证规则对象，示例代码如下：

```
//共享更新用户信息验证规则对象
exports.update_schema={
    body:{
        id,
        email
    }
}
```

代码解析：

客户端发送请求体的数据在 req.body 中，所以验证规则定义在 body 属性中。

打开 router/userinfo.js 路由模块，在路由模块中导入 express-joi 中间件和验证规则模块，并在更新接口中使用 express-joi 中间件。示例代码如下：

```
//导入 express-joi 中间件
const expressJoi=require('@escook/express-joi')
//导入验证规则模块
const {update_schema}=require('../schema/user')
//更新用户信息
router.post('/userinfo',expressJoi(update_schema),userinfo_fn.updateUserInfo)
```

通过 Postman 工具测试更新接口，将 email 数据填写成错误格式 abc，测试结果如图 13-16 所示。

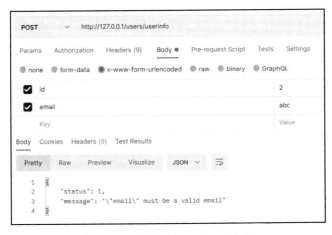

图 13-16　测试验证规则是否生效

第 3 步，实现更新功能。用户提交的表单数据验证通过后，需要实现更新功能，操作分为两步：定义更新 SQL 语句和执行 SQL 语句。

打开 router_fn/userinfo.js 模块，找到更新用户的事件处理函数，示例代码如下：

```
exports.updateUserInfo=(req,res)=>{
    //获取客户端请求体数据
    const userInfo=req.body
    //定义待执行的更新 SQL 语句
    const sql=`update db_users set ? where id=?`
    //执行 SQL 语句
    db.query(sql,[userInfo,userInfo.id],(err,result)=>{
        //SQL 语句执行失败
        if(err){
            return res.send({status:1,message:err.message})
        }
        //SQL 语句执行成功，但影响行数不等于 1
        if(result.affectedRows!==1){
            return res.send({status:1,message:'更新失败'})
        }
        //更新成功
        res.send({status:0,message:'更新成功'})
    })
}
```

通过 Postman 工具测试更新个人信息的 API 接口，更新 id 为 2 的用户，email 的值为 123456@qq.com，测试结果如图 13-17 所示。

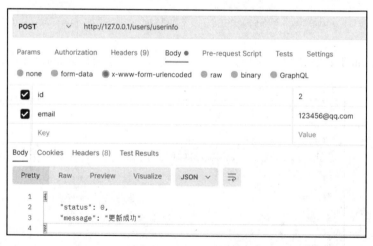

图 13-17 完成更新操作

13.10.3 重置密码的 API 接口

在个人中心版块中还需要提供重置密码的 API 接口，下述内容为发送给客户端重置密

224

码的接口文档。

- ☑ 接口描述：重置密码。
- ☑ 请求 URL 地址：/users/updatepwd。
- ☑ 请求方式：POST。
- ☑ Header：Authorization:Token。
- ☑ 请求体：如表 13-3 所示。

表 13-3　重置密码接口的请求体信息

参 数 名 称	是 否 必 填	类　　型	说　　明
oldpwd	是	string	旧密码
newpwd	是	string	新密码

- ☑ 返回示例：

```
{
    "status": 0,
    "message": "密码更新成功"
}
```

要实现上述功能接口，需要通过以下 3 步：

（1）定义路由及事件处理函数。

（2）验证用户提交的表单数据是否合法。

（3）实现重置密码功能。

第 1 步，定义路由及事件处理函数。打开 router/userinfo.js 文件，新增重置密码路由。
示例代码如下：

```
//重置密码
router.post('/updatepwd',(req,res)=>{
    res.send({status:0,message:'updatepwd OK'})
})
```

将事件处理函数抽离到 router_fn/userinfo 模块中，示例代码如下：

```
//共享 updatepwd 重置密码处理函数
exports.updatepwd=(req,res)=>{
    res.send({status:0,message:'updatepwd OK'})
}
```

修改路由模块，在重置密码接口中调用 updatepwd 方法。示例代码如下：

```
//重置密码
router.post('/updatepwd',userinfo_fn.updatepwd)
```

通过 Postman 工具测试接口是否已开通，测试结果如图 13-18 所示。

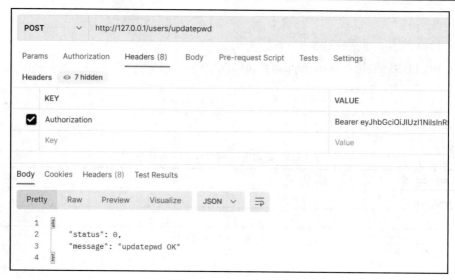

图 13-18　测试重置密码接口

第 2 步，验证用户提交的表单数据是否合法。客户端发送的请求体数据需要携带 oldpwd 和 newpwd 参数。这两个参数必须为字符串类型，不能为空，并且不能相同。然后使用 express-joi 中间件验证表单数据。

打开 schema 目录下的 user.js 验证规则模块，定义 oldpwd 和 newpwd 参数的验证规则。在开发注册接口时已经定义了密码的验证规则，这里只需要定义新密码的验证规则即可。示例代码如下：

```
//共享重置密码验证规则对象
exports.updatepwd_schema={
    body:{
        //oldpwd 验证规则
        oldpwd:password,
        //newpwd 验证规则
        newpwd:Joi.not(Joi.ref('oldpwd')).concat(password)
    }
}
```

代码解析：

在开发注册接口时已经定义过旧密码的验证规则对象为 password。定义新密码的验证规则需要用到如下 3 个方法：

- ☑　Joi.ref('oldpwd')：必须和 oldpwd 保持一致。
- ☑　Joi.not(Joi.ref('oldpwd'))：前面加上 not 后，必须和 oldpwd 不一致。
- ☑　concat(password)：合并 password 验证规则。

最终，newpwd 的验证规则为不能和旧密码一致，并且追加使用旧密码的验证规则。

打开 router/userinfo.js 路由模块，解构 updatepwd_schema 验证规则对象，并在重置密

码接口中使用 express-joi 中间件。示例代码如下:

```
//导入验证规则模块
const {update_schema,updatepwd_schema}=require('../schema/user')
//重置密码
router.post('/updatepwd',expressJoi(updatepwd_schema),userinfo_fn.update
Pwd)
```

通过 Postman 工具测试重置密码接口,将 oldpwd 填写成 123456,newpwd 也填写成 123456,测试接口如图 13-19 所示。

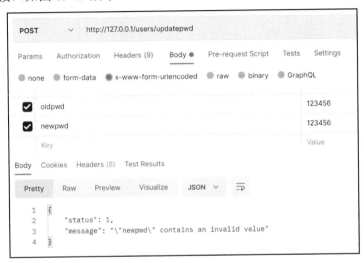

图 13-19　新旧密码相同

从图 13-19 中可以看出,如果新密码和旧密码一致,服务器会响应错误原因,这说明验证表单数据功能已开发完毕。

第 3 步,实现重置密码功能。打开 router_fn/userinfo.js 事件处理函数模块,先根据 id 获取当前用户,然后判断提交的旧密码是否正确,最后执行更新操作。

首先根据 id 获取当前用户,示例代码如下:

```
//共享 updatepwd 重置密码处理函数
exports.updatepwd=(req,res)=>{
    //根据 id 查询用户是否存在
    const sql=`select * from db_users where id=?`
    //执行 SQL 语句并传入用户 id
    db.query(sql,req.user.id,(err,result)=>{
        //SQL 语句执行失败
        if(err){
            return res.send({status:1,message:err.message})
        }
        //查询结果不等于 1
        if(result.length!==1){
            return res.send({status:1,message:'用户不存在'})
```

```
    }
    //next...
  })
}
```

根据 id 查询到用户信息之后，需要使用 bcrypt.compareSync()方法判断客户端提交的旧
密码和数据库中保存的密码是否一致，如果返回值为 true，则表示两个密码一致；如果返
回值为 false，则表示两个密码不一致。示例代码如下：

```
//使用 bcrypt.compareSync()方法比较旧密码是否正确
  const pwdResult=bcrypt.compareSync(req.body.oldpwd,result[0].password)
  if(!pwdResult){
      return res.send({status:1,message:'原密码错误'})
  }
  //next...
```

在数据库中，用户 admin2 的密码为 123456。使用 Postman 工具将旧密码设置成
12345678，然后测试 bcryptjs 模块是否生效，测试结果如图 13-20 所示。

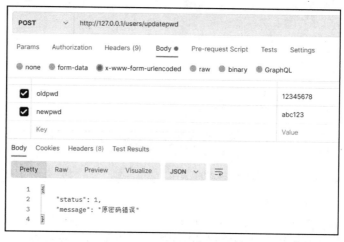

图 13-20　原密码输入错误

由图 13-20 可知，bcryptjs 模块已生效。接下来执行密码更新操作，示例代码如下：

```
//执行密码更新操作
  //定义更新密码的 SQL 语句
  const sql=`update db_users set password=? where id=?`
  //对新密码进行加密
  const newpwd=bcrypt.hashSync(req.body.newpwd,10)
  //执行 SQL 语句
  db.query(sql,[newpwd,req.user.id],(err,result)=>{
    //SQL 语句查询失败
    if(err){
        return res.send({status:1,message:err.message})
    }
    //SQL 语句查询成功，但是影响行数不等于 1
```

```
if(result.affectedRows!==1){
    return res.send({status:1,message:'密码更新失败'})
}
//更新成功
res.send({status:0,message:'密码更新成功'})
```

代码解析：

（1）执行更新操作时，需要先使用 bcryptjs 模块对新密码进行加密，然后再进行更新。

（2）用户的 id 属性是在解密 Token 字符串后，通过 express-jwt 中间件挂载到 req.user 对象上的。

至此，更新用户密码的 API 接口已开发完成，通过 Postman 工具测试接口是否成功，测试结果如图 13-21 所示。

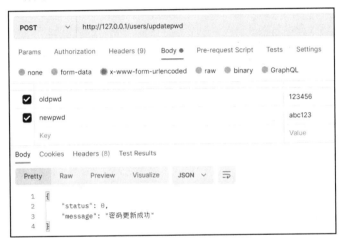

图 13-21　密码更新完成

13.10.4　更新用户头像的 API 接口

在 db_users 表中保存 user_img 头像字段，用户的个人中心版块中还需要提供更新头像的 API 接口。下述内容为发送给客户端更新头像的接口文档。

☑　接口描述：更新用户头像。

☑　请求 URL 地址：/users/updatepic。

☑　请求方式：POST。

☑　Header:Authorization:Token。

☑　请求体：如表 13-4 所示。

表 13-4　更新用户头像接口的请求体信息

参 数 名 称	是 否 必 填	类　　型	说　　明
user_img	是	string	base64 头像图片

☑ 返回示例：

```
{
    "status": 0,
    "message": "用户头像更新成功"
}
```

要实现上述功能接口，需要通过以下 3 步：

（1）定义路由及事件处理函数。

（2）验证用户提交的表单数据是否合法。

（3）更新用户头像。

第 1 步，定义路由及事件处理函数。打开 router/userinfo.js 文件，新增更新头像路由。示例代码如下：

```
//更新头像
router.post('/updatepic',(req,res)=>{
    res.send({status:0,message:'updatepic OK'})
})
```

将事件处理函数抽离到 router_fn/userinfo.js 模块中，代码如下：

```
//共享 updateUserPic 事件处理函数
exports.updateUserPic=(req,res)=>{
    res.send({status:0,message:'updatepic OK'})
}
```

修改路由模块，在更新头像接口中调用 updateUserPic 方法。代码如下：

```
//更新头像
router.post('/updatepic',userinfo_fn.updateUserPic)
```

通过 Postman 工具测试更新头像接口是否开通，测试结果如图 13-22 所示。

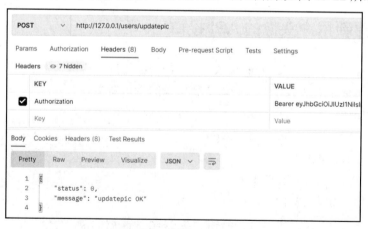

图 13-22　更新头像接口

第 2 步，验证用户提交的表单数据是否合法。客户端通过 user_img 属性发送更新图片，

230

user_img 的属性值为 base64 格式的字符串。接下来使用 express-joi 中间件验证表单数据是否合法。

打开 schema 目录下的 user.js 验证规则模块，定义 user_img 验证规则，并导出验证规则对象。示例代码如下：

```
//定义用户头像验证规则
const user_img=Joi.string().dataUri().required()
//共享用户头像验证规则对象
exports.updatepic_schema={
    body:{
        user_img
    }
}
```

代码解析：

在使用 joi 模块定义验证规则时，dateUri() 表示为 base64 格式的字符串。

接下来打开 router/userinfo.js 路由模块，解构 updatepic_schema 验证规则对象，并在更新用户头像接口中使用 express-joi 中间件。示例代码如下：

```
//解构验证规则对象
const {updatepic_schema}=require('../schema/user')
//更新头像
router.post('/updatepic',expressJoi(updatepic_schema),userinfo_fn.update
UserPic)
```

通过 Postman 工具测试验证规则是否定义成功。在请求体中将 user_img 参数设置为 abc123，测试结果如图 13-23 所示。

图 13-23　验证图片属性

由图 13-23 可知，user_img 的属性值必须是 base64 格式的字符串，这说明验证表单数据功能开发完成。

第 3 步，更新用户头像。打开 router_fn/userinfo.js 事件处理函数模块，在事件处理函数中定义更新 SQL 语句。示例代码如下：

```
//共享 updateUserPic 事件处理函数
exports.updateUserPic=(req,res)=>{
    //定义更新用户头像 SQL 语句
    const sql=`update db_users set user_img=? where id=?`
    //执行 SQL 语句
    db.query(sql,[req.body.user_img,req.user.id],(err,result)=>{
        //SQL 语句执行失败
        if(err){
            return res.send({status:1,message:err.message})
        }
        //SQL 语句执行成功，但是影响行数不等于 1
        if(result.affectedRows!==1){
            return res.send({status:1,message:'用户头像更新失败'})
        }
        //用户头像更新成功
        res.send({status:0,message:'用户头像更新成功'})
    })
}
```

通过 Postman 工具测试最终更新用户头像的 API 接口，结果如图 13-24 所示。

图 13-24 完成用户头像更新

13.11 新闻文章分类管理

本节讲述与新闻文章分类模块相关的 API 接口，以实现对新闻文章分类的增、删、改、查操作。

13.11.1　新建 db_article_nav 数据表

打开 Navicat 可视化管理工具，在 webedu 数据库中新建 db_article_nav 数据表，存放新闻文章分类。db_article_nav 数据表的结构如表 13-5 所示。

表 13-5　新闻文章分类表结构

字　段	数 据 类 型	描　述
id	INT	主键
nav_name	VARCHAR	分类名称（必填）
nav_enname	VARCHAR	英文分类名称（必填）
is_del	TINYINT	是否删除（1 表示已删除，0 表示未删除）

字段解析：

为了保证数据的安全性，当用户删除数据时，并不会直接把数据从数据表中删除，而是会修改 is_del 属性。

is_del 属性表示当前数据是否被删除，1 表示已删除，0 表示未删除。用户单击"删除"按钮时，只需要把 is_del 属性值从 0 修改为 1，即可将文件删除。这样做的好处是用户删除了数据后，如果需要恢复，管理员可以帮用户恢复数据。

db_article_nav 表创建完成之后，在表中新增两条初始数据，结果如图 13-25 所示。

图 13-25　新增分类

13.11.2　获取新闻文章分类的 API 接口

新闻文章分类管理中，第一个要实现的 API 接口用于获取新闻文章分类。下述内容是发送给客户端获取新闻文章分类的接口文档。

- ☑　接口描述：获取新闻文章分类。
- ☑　请求 URL 地址：/article/navlist。
- ☑　请求方式：GET。
- ☑　Header:Authorization:Token。

☑　请求参数：无。

☑　返回示例：

```
{
    "status": 0,
    "message": "获取新闻文章分类成功",
    "data": [
        {
            "id": 1,
            "nav_name": "娱乐新闻",
            "nav_enname": "YULE",
            "is_del": 0
        },
        //...
    ]
}
```

要实现上述功能接口，需要通过以下 3 步操作：

（1）新建路由模块。

（2）新建路由事件处理函数模块。

（3）查询新闻文章分类。

第 1 步，新建路由模块。打开 router 目录，新建 article_nav.js 路由模块。路由初始化代码如下：

```
//导入 Express 框架
const express=require('express')
//创建路由对象
const router=express.Router()
//获取新闻文章分类
router.get('/navlist',(req,res)=>{
    res.send({status:0,message:'navlist OK'})
})
//共享路由对象
module.exports=router
```

代码解析：

使用 express.Router()方法创建路由对象，并且挂载获取新闻文章分类的 API 接口。

打开 app.js 入口文件，导入路由模块，将路由模块注册成全局中间件。示例代码如下：

```
//导入 article_nav.js 路由模块
const article_nav_router=require('./router/article_nav')
//将路由模块注册成全局中间件，并挂载/article 前缀
app.use('/article',article_nav_router)
```

通过 Postman 工具测试/article/navlist 接口是否已开通，测试结果如图 13-26 所示。

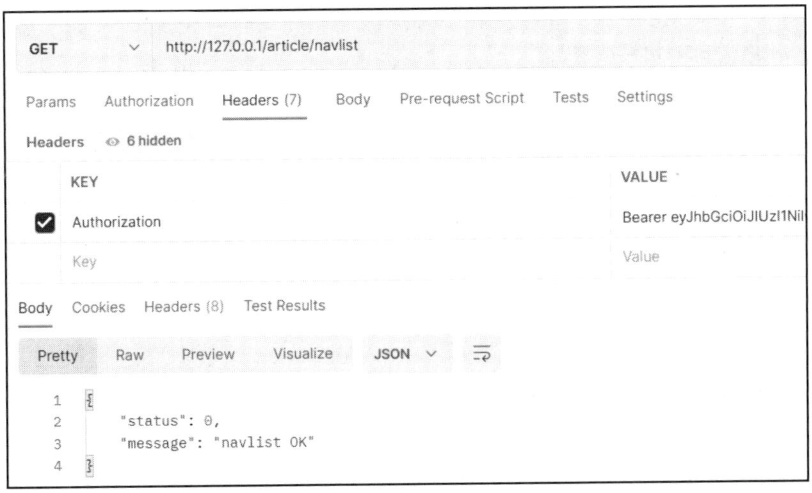

图 13-26　测试获取文章分类接口

第 2 步，新建路由事件处理函数模块。

当前代码中，路由对应关系和事件处理函数混在了一起，因此需要抽离事件处理函数。在 router_fn 目录下新建 article_nav.js 文件，用于存放和新闻文章分类相关的事件处理函数。初始化代码如下：

```
//共享获取新闻分类事件处理函数
exports.getArticleNav=(req,res)=>{
    res.send({status:0,message:'navlist OK'})
}
```

返回 router/article_nav.js 路由模块，导入事件处理函数，调用 getArticleNav 方法。示例代码如下：

```
//导入事件处理函数
const article_nav_fn=require('../router_fn/article_nav')
//获取新闻文章分类
router.get('/navlist',article_nav_fn.getArticleNav)
```

第 3 步，查询新闻文章分类。在事件处理函数中定义 SQL 查询语句，示例代码如下：

```
//导入数据库连接对象
const db=require('../db/index')
//共享获取新闻分类事件处理函数
exports.getArticleNav=(req,res)=>{
    //定义待执行的 SQL 语句
    const sql=`select * from db_article_nav where is_del=0`
    //执行 SQL 语句
    db.query(sql,(err,result)=>{
        //执行 SQL 语句失败
        if(err){
            return res.send({status:1,message:err.message})
```

```
    }
    //执行 SQL 语句成功
    res.send({
        status:0,
        message:'获取新闻文章分类成功',
        data:result
    })
  })
}
```

代码解析：

（1）当前模块要操作数据库，首先需要导入 db/index.js 数据库连接模块。

（2）定义 SQL 语句，用 where 条件指定 is_del=0，表示查询删除的数据。查询成功后，使用 res.send()方法将结果响应给客户端。

通过 Postman 工具测试获取新闻文章分类的 API 接口，测试结果如图 13-27 所示。

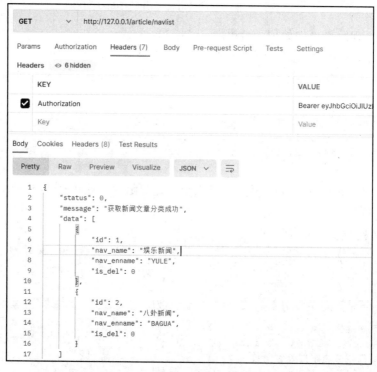

图 13-27　获取新闻文章分类成功

13.11.3　新增新闻文章分类的 API 接口

在新闻文章分类管理中，需要实现新增新闻文章分类接口。下述内容是发送给客户端新增新闻文章分类的 API 接口文档。

☑　接口描述：新增新闻文章分类。

☑　请求 URL 地址：/article/addnav。

☑　请求方式：POST。

☑　Header：Authorization:Token。

☑　请求体：如表 13-6 所示。

表 13-6　新增新闻文章分类接口请求体信息

参　数　名	是 否 必 填	类　　型	说　　明
nav_name	是	string	分类名称
nav_ennaem	是	string	英文名称

☑　返回示例：

```
{
    "status": 0,
    "message": "新增分类成功"
}
```

要实现上述功能接口，需要通过以下 4 步操作：

（1）定义路由和事件处理函数。

（2）验证客户端提交的表单数据是否合法。

（3）查询新闻文章分类名称和英文名称是否存在。

（4）实现新增功能。

第 1 步，定义路由和事件处理函数。打开 router/article_nav.js 路由模块，定义新增文章分类路由。示例代码如下：

```
//新增新闻文章分类路由
router.post('/addnav',(req,res)=>{
    res.send({status:0,message:'addnav OK'})
})
```

将事件处理函数抽离到 router_fn/article_nav.js 模块中，示例代码如下：

```
//共享 addArticleNav 新增新闻文章分类事件处理函数
exports.addArticleNav=(req,res)=>{
    res.send({status:0,message:'addnav OK'})
}
```

返回 router/article_nav.js 路由模块，在新增新闻文章分类 API 接口中调用 addArticleNav 方法。示例代码如下：

```
//新增新闻文章分类
router.post('/addnav',article_nav_fn.addArticleNav)
```

通过 Postman 工具测试新增新闻文章分类接口是否开通，测试结果如图 13-28 所示。

第 2 步，验证客户端提交的表单数据是否合法。客户端发送的请求体数据包含 nav_name 和 nav_enname 参数，这两个参数为字符串类型，不能包含特殊字符，并且不能为空。因此需要使用 express-joi 中间件验证用户提交的表单数据是否合法。

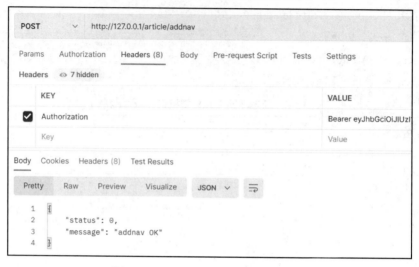

图 13-28　测试新增新闻文章分类接口

在 schema 目录下新增 article_nav.js 验证规则模块，在文件中导入 joi 模块，并且创建 nav_name 和 nav_enname 的验证规则。示例代码如下：

```
//导入 joi 模块
const Joi=require('joi')
//定义分类名称验证规则
const nav_name=Joi.string().required()
//定义英文名称验证规则
const nav_enname=Joi.string().alphanum().required()
//导出新增分类验证规则模块
exports.addnav_schema={
    body:{
        nav_name,
        nav_enname
    }
}
```

验证规则模块定义完成之后，打开 router/article_nav.js 路由模块，导入 express-joi 中间件和验证规则对象，并在新增新闻文章分类路由中使用验证规则。示例代码如下：

```
//导入 express-joi 中间件
const expressJoi=require('@escook/express-joi')
//解构验证规则对象
const {addnav_schema}=require('../schema/article_nav')
//新增新闻文章分类
router.post('/addnav',expressJoi(addnav_schema),article_nav_fn.addArticl
eNav)
```

通过 Postman 工具测试验证规则是否生效，只填写 nav_name 属性，nav_enname 为空，测试结果如图 13-29 所示。

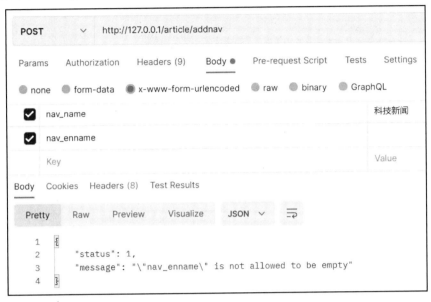

图 13-29　验证表单数据

第 3 步，查询新闻文章分类名称和英文名称是否存在。如果已经存在，则终止程序。打开 router_fn/article_nav.js 事件处理函数模块，定义查询 SQL 语句。示例代码如下：

```
exports.addArticleNav=(req,res)=>{
    //获取客户表单数据
    const dataInfo=req.body
    //定义待执行的 SQL 语句
    const sql=`select * from db_article_nav where nav_name=? or nav_enname=?`
    db.query(sql,[dataInfo.nav_name,dataInfo.nav_enname],(err,result)=>{
        //SQL 语句执行失败
        if(err){
            return res.send({status:1,message:err.message})
        }
        //SQL 语句执行成功
        //分类名称和英文名称被 2 条数据占用。例如，nav_name 为娱乐新闻，nav_enname 为
BAGUA
        if(result.length==2){
            return res.send({status:1,message:'分类名称和英文名称已存在'})
        }
        //分类名称和英文名称被 1 条数据占用。例如，nav_name 为娱乐新闻，nav_enname 为
YULE
        if(result.length==1&&result[0].nav_name==dataInfo.nav_
name&&result[0].nav_enname==dataInfo.nav_enname){
            return res.send({status:1,message:'分类名称和英文名称已存在'})
        }
        //新闻文章分类名称被占用
```

```
    if(result.length==1&&result[0].nav_name==dataInfo.nav_name){
        return res.send({status:1,message:'新闻文章分类名称已存在'})
    }
    //英文名称被占用
    if(result.length==1&&result[0].nav_enname==dataInfo.nav_enname){
        return res.send({status:1,message:'英文名称被占用'})
    }
    //next...
    })
}
```

代码解析：

定义待执行的 SQL 语句，查询 nav_name 和 nav_enname 是否存在。只要有一个字段中的数据被占用，就终止程序，把原因响应给客户端。

SQL 语句的执行结果分如下 4 种情况：

☑ 分类名称和英文名称被两条数据占用。例如，nav_name 为娱乐新闻，nav_enname 为 BAGUA。

☑ 分类名称和英文名称被一条数据占用。例如，nav_name 为娱乐新闻，nav_enname 为 YULE。

☑ 新闻分类名称被占用。

☑ 英文名称被占用。

出现上述任意一种情况，都需要终止程序。通过 Postman 工具测试第一种情况，nav_name 为娱乐新闻，nav_enname 为 BAGUA，测试结果如图 13-30 所示。

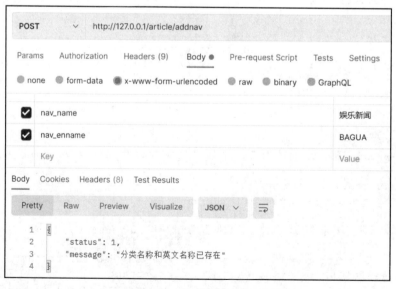

图 13-30 验证数据是否存在

第 4 步，实现新增功能。客户端提交的数据验证完成之后，要实现新增新闻文章分类功能。定义 SQL 语句，使用 db.query()方法执行 SQL 语句。示例代码如下：

```
//定义新增语句
      const sql=`insert into db_article_nav set ?`
      //执行 SQL 语句
      db.query(sql,dataInfo,(err,result)=>{
          //SQL 语句查询失败
          if(err){
              return res.send({status:1,message:err.message})
          }
          //SQL 语句查询成功，但是影响行数不等于 1
          if(result.affectedRows!==1){
              return res.send({status:1,message:'新增失败'})
          }
          //新增成功
          res.send({status:0,message:'新增分类成功'})
```

通过 Postman 工具测试最终新增新闻文章分类的 API 接口，nav_name 为科技新闻，nav_enname 为 KEJI，测试结果如图 13-31 所示。

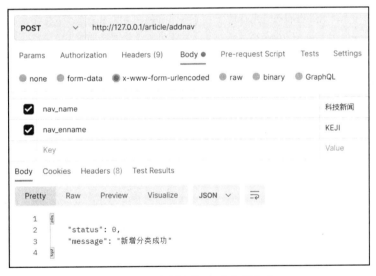

图 13-31　新增新闻文章分类完成

13.11.4　删除新闻文章分类的 API 接口

在新闻文章分类管理中，需要实现对新闻文章分类的删除操作。下述内容为客户端删除新闻文章分类的接口文档。

☑　接口描述：根据分类 id 删除当前分类。

☑　请求 URL 地址：/article/delnav/:id。

☑ 请求方式：GET。

☑ Header：Atthorization:Token。

☑ URL 参数：如表 13-7 所示。

表 13-7　删除新闻文章分类接口 URL 参数

参　数　名	是否必填	类　型	说　明
id	是	int	分类 id

☑ 返回示例：

```
{
    "status": 0,
    "message": "删除新闻文章分类成功"
}
```

要实现上述功能接口，需要通过以下 3 步操作：

（1）定义路由和事件处理函数。

（2）验证客户端提交的 id 动态参数是否合法。

（3）实现删除功能。

第 1 步，定义路由和事件处理函数。打开 router/article_nav.js 路由模块，定义删除新闻文章分类 API 接口。示例代码如下：

```
//删除新闻文章分类
router.get('/delnav/:id',(req,res)=>{
    res.send({status:0,message:'delnav OK'})
})
```

代码解析：

客户端请求的 URL 地址需要携带动态参数，所以在路由中使用占位符接收动态参数。

将事件处理函数抽离到 router_fn/article_nav.js 模块中，示例代码如下：

```
//共享删除新闻文章分类事件处理函数
exports.delArticleNav=(req,res)=>{
    res.send({status:0,message:'delnav OK'})
}
```

返回路由模块，在删除新闻文章分类接口中调用 delArticleNav 方法。示例代码如下：

```
//删除新闻文章分类
router.get('/delnav/:id',article_nav_fn.delArticleNav)
```

通过 Postman 工具测试删除新闻文章分类 API 接口是否开通，测试结果如图 13-32 所示。

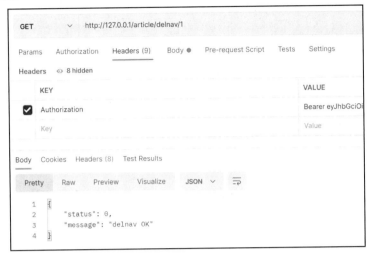

图 13-32 测试删除新闻文章分类接口

第 2 步,验证客户端提交的 id 数据是否合法。客户端发送请求时,需要在 URL 参数中携带 id 动态参数,所以接下来需要验证动态参数是否合法。id 的值为整数类型,并且必须填写。使用 express-joi 中间件,验证 URL 参数。

打开 schema/article_nav.js 验证规则模块,新建 id 验证规则,并导出验证规则对象。示例代码如下:

```
//定义 id 验证规则
const id=Joi.number().integer().required()
//导出验证规则对象
exports.delnav_schema={
    params:{
        id
    }
}
```

代码解析:

客户端通过 URL 参数进行动态传参,服务器端要使用 req.params 接收参数,所以验证规则对象中验证的是 params 属性中的数据。

打开 router/article_nav.js 路由模块,解构 delnav_schema 验证规则对象,并在删除新闻文章分类接口中使用 express-joi 中间件验证参数是否合法。示例代码如下:

```
//解构验证规则对象
const {addnav_schema,delnav_schema}=require('../schema/article_nav')
//删除新闻文章分类
router.get('/delnav/:id',expressJoi(delnav_schema),article_nav_fn.delArt
icleNav)
```

通过 Postman 工具测试动态参数的验证规则。例如,动态参数设置为 1.5,测试结果如图 13-33 所示。

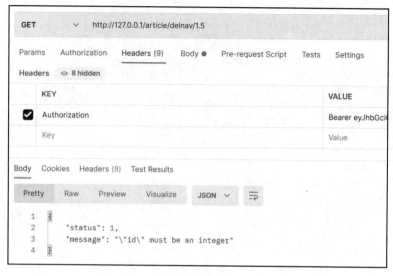

图 13-33　验证数据是否合法

第 3 步，根据客户端提交的 id 数据，实现删除操作。打开 router_fn/article_nav.js 路由模块，在删除新闻文章分类接口中定义更新 SQL 语句。示例代码如下：

```
exports.delArticleNav=(req,res)=>{
    //定义更新 SQL 语句
    const sql=`update db_article_nav set is_del=1 where id=?`
    //SQL 语句执行失败
    db.query(sql,req.params.id,(err,result)=>{
        if(err){
            return res.send({status:1,message:err.message})
        }
        //SQL 语句执行成功但是影响行数不等于 1
        if(result.affectedRows!==1){
            return res.send({status:1,message:'删除新闻文章分类失败'})
        }
        //删除成功
        res.send({status:0,message:'删除新闻文章分类成功'})
    })
}
```

代码解析：

删除功能的本质是调用更新方法，将数据表中 is_del 属性从 0 更新成 1。其中，0 表示未删除，1 表示已删除。

通过 Postman 工具测试删除新闻文章分类接口。例如，删除分类 id 为 1 的数据，测试接口如图 13-34 所示。

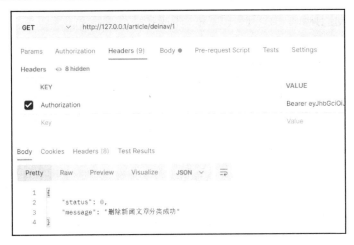

图 13-34　删除新闻文章分类完成

13.11.5　根据 id 获取新闻文章分类

本节内容实现根据新闻文章分类 id 获取当前新闻文章分类的功能。下述内容为客户端根据 id 获取当前新闻文章分类的接口文档。

☑　接口描述：根据分类 id 获取当前新闻文章分类。

☑　请求 URL 地址：/article/getnav/:id。

☑　请求方式：GET 请求。

☑　Header：Authorization:Token。

☑　URL 参数：如表 13-8 所示。

表 13-8　根据 id 获取分类接口 URL 参数

参　数　名	是 否 必 填	类　　型	说　　明
id	是	int	分类 id

☑　返回示例：

```
{
    "status": 0,
    "message": "查询新闻文章分类成功",
    "data": [
        {
            "id": 2,
            "nav_name": "八卦新闻",
            "nav_enname": "BAGUA",
            "is_del": 0
        }
    ]
}
```

245

要实现上述功能接口，需要通过以下 3 步操作：

（1）定义路由及事件处理函数。

（2）验证客户端发送的 id 请求参数是否合法。

（3）实现查询功能。

第 1 步，定义路由及事件处理函数。打开 router/article_nav.js 路由模块，定义查询新闻文章分类路由。示例代码如下：

```
//根据id查询新闻文章分类
router.get('/getnav/:id',(req,res)=>{
    res.send({status:0,message:'getnav OK'})
})
```

将事件处理函数抽离到 router_fn/article_nav 模块，示例代码如下：

```
//共享根据id查询新闻文章分类事件处理函数
exports.getNav=(req,res)=>{
    res.send({status:0,message:'getnav OK'})
}
```

返回路由模块，在查询新闻文章分类 API 接口中调用 getNav 方法。示例代码如下：

```
//根据id查询新闻文章分类
router.get('/getnav/:id',article_nav_fn.getNav)
```

通过 Postman 工具测试查询新闻文章分类 API 接口是否开通，测试结果如图 13-35 所示。

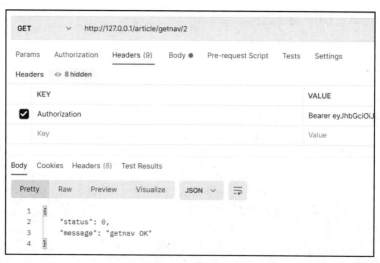

图 13-35　获取新闻文章分类接口

第 2 步，验证客户端发送的 id 请求参数是否合法。客户端发送请求需要在 URL 参数中携带 id 动态参数，id 值的类型为整数类型，并且为必填项。使用 express-joi 中间件验证客户端发送的 URL 参数是否合法。

打开 schema/article_nav.js 验证规则模块。因为根据 id 获取新闻文章分类和根据 id 删除新闻文章分类，验证的是同一个 id，并且都是通过 req.params 获取参数，所以这里直接使用删除分类的验证规则即可。示例代码如下：

```
//定义 id 验证规则
const id=Joi.number().integer().required()
//导出验证规则对象
exports.delnav_schema={
    params:{
        id
    }
}
```

打开 router/article_nav.js 路由模块，在获取新闻文章分类接口中调用 express-joi 中间件，传入验证规则。示例代码如下：

```
//根据 id 查询新闻文章分类
router.get('/getnav/:id',expressJoi(delnav_schema),article_nav_fn.getNav
)
```

通过 Postman 工具测试验证规则模块是否生效，将 id 动态参数设置为 2.5，测试结果如图 13-36 所示。

图 13-36　验证 id 动态参数是否合法

第 3 步，实现查询功能。获取到客户端发送的 id 参数之后，打开 router_fn/article_nav.js 事件处理函数模块，定义查询新闻文章分类 SQL 语句。示例代码如下：

```
exports.getNav=(req,res)=>{
    //根据 id 查询新闻文章分类
    const sql=`select * from db_article_nav where id=?`
    //执行 SQL 语句
```

```
db.query(sql,req.params.id,(err,result)=>{
    //SQL 语句执行失败
    if(err){
        return res.send({status:1,message:err.message})
    }
    //SQL 语句执行成功，查询结果不等于 1
    if(result.length!==1){
        return res.send({status:1,message:'查询新闻文章分类失败'})
    }
    //新闻文章分类查询成功
    res.send({
        status:0,
        message:'查询新闻文章分类成功',
        data:result

    })
})
}
```

通过 Postman 工具测试根据 id 查询新闻文章分类接口是否完成，测试结果如图 13-37 所示。

图 13-37　查询新闻文章分类接口完成

13.11.6　根据 id 更新新闻文章分类

至此，新闻文章分类管理的增、删、改、查功能，只剩下修改功能还没有实现。

下面就来根据分类 id，修改新闻文章分类 API 接口。下述内容为客户端修改新闻文章分类的接口文档。

- ☑ 接口描述：根据 id 更新新闻文章分类。
- ☑ 请求 URL 地址：/article/updatenav。
- ☑ 请求方式：POST。
- ☑ Header：Authorization:Token。
- ☑ 请求体：如表 13-9 所示。

表 13-9　更新新闻文章分类接口请求体信息

参　数　名	是 否 必 填	类　　型	说　　明
id	是	int	分类 id
nav_name	是	string	分类名称
nav_enname	是	string	英文名称

- ☑ 返回示例：

```
{
    "status": 0,
    "message": "更新新闻文章分类成功"
}
```

要实现上述功能接口，需要通过以下 4 步操作：

（1）定义路由及事件处理函数。

（2）验证客户端提交的请求体数据是否合法。

（3）查询更新数据是否已经存在。

（4）实现更新操作。

第 1 步，定义路由及事件处理函数。打开 router/article_nav.js 路由模块，定义更新新闻文章分类 API 接口。示例代码如下：

```
//根据 id 更新新闻文章分类
router.post('/updatenav',(req,res)=>{
    res.send({status:0,message:'updatenav OK'})
})
```

将事件处理函数抽离到 router_fn/article_nav.js 模块中，示例代码如下：

```
//共享更新新闻文章分类事件处理函数
exports.updateNav=(req,res)=>{
    res.send({status:0,message:'updatenav OK'})
}
```

返回路由模块，在更新新闻文章分类接口中调用 updateNav 方法。示例代码如下：

```
//根据 id 更新新闻文章分类
router.post('/updatenav',article_nav_fn.updateNav)
```

通过 Postman 工具测试当前接口是否开通，测试结果如图 13-38 所示。

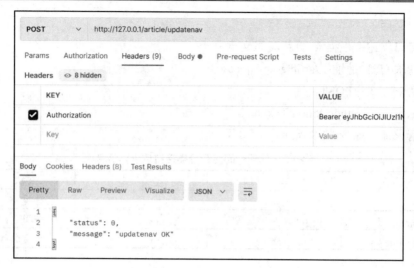

图 13-38　更新新闻文章分类接口

第 2 步，验证客户端提交的请求体数据是否合法。客户端发送请求时，要携带 id，以及 nav_name 和 nav_enname 请求体数据，使用 express-joi 中间件可验证请求体数据是否合法。

打开 schema/article_nav.js 数据验证模块，定义验证规则。id、分类名称和英文名称的验证规则在开发上述接口时已经定义，在这里直接导出更新新闻文章分类的验证规则即可。示例代码如下：

```
//导出更新新闻文章分类验证规则对象
exports.updatenav_schema={
    body:{
        id,
        nav_name,
        nav_enname
    }
}
```

打开 router/article_nav 路由模块，解构 updatenav_schema 验证规则对象，在更新新闻文章分类接口中使用 express-joi 中间件验证请求体数据是否合法。示例代码如下：

```
//解构验证规则对象
const {updatenav_schema}=require('../schema/article_nav')
//根据 id 更新新闻文章分类
router.post('/updatenav',expressJoi(updatenav_schema),article_nav_fn.updateNav)
```

通过 Postman 工具测试验证规则是否生效，测试结果如图 13-39 所示。

图 13-39　验证数据是否合法

第 3 步，查询更新数据是否已经存在。客户端请求体数据验证完成之后，不能立即执行更新操作，还需要查询客户端提交的数据在数据库中是否已经存在。如果已经存在，则需要终止程序。

打开 router_fn/article_nav.js 事件处理函数模块，在更新新闻文章分类接口中定义查询数据是否存在的 SQL 语句。示例代码如下：

```
exports.updateNav=(req,res)=>{
    //获取客户端请求体数据
    const dataInfo=req.body
    //定义待执行的 SQL 语句
    const sql=`select * from db_article_nav where id<>? and (nav_name=? or
nav_enname=?)`
    //执行 SQL 语句

db.query(sql,[dataInfo.id,dataInfo.nav_name,dataInfo.nav_enname],(err,re
sult)=>{
    //SQL 语句执行失败
    if(err){
        return res.send({status:1,message:err.message})
    }
    //SQL 语句执行成功
    //分类名称和英文名称被 2 条数据占用。例如，nav_name 为娱乐新闻，nav_enname 为
BAGUA
    if(result.length==2){
        return res.send({status:1,message:'分类名称和英文名称已存在'})
    }
    //分类名称和英文名称被 1 条数据占用。例如，nav_name 为娱乐新闻，nav_enname 为
YULE
```

```
if(result.length==1&&result[0].nav_name==dataInfo.nav_name&&result[0].na
v_enname==dataInfo.nav_enname){
        return res.send({status:1,message:'分类名称和英文名称已存在'})
    }
    //分类名称被占用
    if(result.length==1&&result[0].nav_name==dataInfo.nav_name){
        return res.send({status:1,message:'分类名称已存在'})
    }
    //英文名称被占用
    if(result.length==1&&result[0].nav_enname==dataInfo.nav_enname){
        return res.send({status:1,message:'英文名称已存在'})
    }
    //next...
    })
}
```

代码解析：

定义待执行的 SQL 语句查询数据是否存在，需要先把当前修改的数据剔除掉。例如，where id<>2 表示查询的数据中不包含 id 为 2 的数据。

select 查询语句的结果有 4 种情况，同新增新闻文章分类 API 中的查询结果一致。

通过 Postman 工具测试第一种情况，修改 id 为 2 的数据，nav_name 为娱乐新闻，nav_enname 为 BAGUA，测试结果如图 13-40 所示。

图 13-40 查询更新数据是否存在

第 4 步，实现更新操作。客户端发送的请求体数据全部验证完成之后，执行更新操作，定义 SQL 更新语句。示例代码如下：

```
//执行更新操作
    //定义根据 id 更新新闻文章分类 SQL 语句
    const sql=`update db_article_nav set ? where id=?`
```

```
//执行 SQL 语句
db.query(sql,[dataInfo,dataInfo.id],(err,result)=>{
    //SQL 语句执行失败
    if(err){
        return res.send({status:1,message:err.message})
    }
    //SQL 语句执行成功，影响行数不等于 1
    if(result.affectedRows!==1){
        return res.send({status:1,message:'新闻文章分类更新失败'})
    }
    //更新成功
    res.send({status:0,message:'更新新闻文章分类成功'})
})
```

通过 Postman 工具测试根据 id 修改新闻文章分类 API 接口是否完成，测试结果如图 13-41 所示。

图 13-41　更新新闻文章分类接口完成

13.12　新闻文章管理

本节讲述和新闻文章管理相关的 API 接口，实现对新闻文章的增、删、改、查操作。

13.12.1　新建 db_article 数据表

打开 Navicat 可视化管理工具，在 webedu 数据库中新建 db_article 文章数据表，db_article 表结构如表 13-10 所示。

表 13-10　db_article 表结构

字　段	数 据 类 型	描　　述
id	int	文章 id
title	VARCHAR	文章标题
content	TEXT	文章内容
cover_img	VARCHAR	文章缩略图
c_date	VARCHAR	发布时间
nav_id	INT	文章分类
author_id	INT	文章作者
Is_del	TINYINT	是否删除

db_article 数据表创建完成之后，在数据表中新增一条初始数据，结果如图 13-42 所示。

图 13-42　新增新闻文章

13.12.2　发布新闻文章的 API 接口

新闻文章数据表创建完成之后，接下来就可以开发文章的增、删、改、查接口了。本节讲述新增文章（即发布新闻文章）的 API 接口，下述内容是发送给客户端的接口文档。

- ☑　接口描述：发布新闻文章。
- ☑　请求 URL 地址：/article/addmsg。
- ☑　请求方式：POST。
- ☑　Header：Authorization:Token。
- ☑　请求体：FormData 数据，如表 13-11 所示。

表 13-11　FormData 数据

参　数　名	是 否 必 填	数 据 类 型	说　　明
title	是	string	新闻标题
content	是	string	新闻内容
cover_img	是	string	新闻封面
nav_id	是	int	新闻分类

☑ 返回示例：

```
{
    "status": 0,
    "message": "发布文章成功"
}
```

要实现上述功能接口，需要通过以下 4 步操作：

（1）定义路由及事件处理函数模块。

（2）使用 multer 解析表单数据。

（3）验证表单数据是否合法。

（4）实现新闻发布功能。

第 1 步，定义路由及事件处理函数。新闻文章管理是一个新的分类，打开 router 文件夹，新建 article.js 路由模块，用于存放所有和文章相关的路由，并进行路由初始化。初始化代码如下：

```
//导入 Express 框架
const express=require('express')
//创建路由实例对象
const router=express.Router()
//发布新闻
router.post('/addmsg',(req,res)=>{
    res.send({status:1,message:'addmsg OK'})
})
//共享路由实例对象
module.exports=router
```

打开 app.js 入口文件，导入路由模块，并将路由模块注册成全局中间件。示例代码如下：

```
//导入路由模块
const article_router=require('./router/article')
//将路由模块注册成全局中间件
app.use('/api',user_router)
```

通过 Postman 工具测试路由模块是否创建成功，测试结果如图 13-43 所示。

图 13-43　测试路由模块

接下来需要抽离事件处理函数。打开 router_fn 文件夹，新建 article.js 事件处理函数模块，并进行代码初始化。示例代码如下：

```
//共享 addmsgFn 事件处理函数
exports.addmsgFn=(req,res)=>{
    res.send({status:1,message:'addmsg OK'})
}
```

返回路由模块，导入事件处理函数模块，在发布新闻接口中调用方法。示例代码如下：

```
//导入事件处理函数模块
const article_fn=require('../router_fn/article')
//发布新闻
router.post('/addmsg',article_fn.addmsgFn)
```

第 2 步，使用 multer 解析表单数据。客户端发送请求体的数据格式为 FormData 格式。因为在请求体中包含 cover_img 缩略图这一项，所以只要客户端向服务器发送文件，就必须使用 FormData 数据格式。

服务器该如何解析客户端提交的 FormData 格式数据呢？使用 multer 模块即可解析数据。multer 不仅可以解析文件格式，普通的数据也可以解析。

运行下述命令，在项目中安装 multer 模块。

```
npm install multer
```

multer 模块安装成功之后，在 router/article.js 路由模块中导入并配置 multer。示例代码如下：

```
//导入解析 FormData 格式数据的模块
const multer=require('multer')
//导入 path 核心模块
const path=require('path')
//创建 multer 实例对象，通过 dest 属性设置文件存放路径
const upload=multer({dest:path.join(__dirname,'../uploads')})
```

代码解析：

（1）使用 multer()方法创建实例对象，并使用常量 upload 接收，通过 dest 属性设置文件的存放位置。

（2）path.join()方法是将相对路径拼接成绝对路径。

在发布新闻路由中使用 upload.single()中间件解析 FormData 格式表单数据。示例代码如下：

```
//发布新闻
router.post('/addmsg',upload.single('cover_img'),article_fn.addmsgFn)
```

代码解析：

使用 upload.single()中间件解析 FormData 格式表单数据，将解析的文件类型挂载到 req.file 属性中，解析的普通文本类型挂载到 req.body 属性中。

接下来经过 upload.single()中间件解析数据。打开 router/article.js 事件处理函数模块,在事件处理函数中将 req.file 和 req.body 响应给客户端。代码如下:

```
//共享 addmsgFn 事件处理函数
exports.addmsgFn=(req,res)=>{
    res.send({
        status:0,
        message:'addarticle OK',
        reqFile:req.file,
        reqBody:req.body
    })
}
```

通过 Postman 工具发送 FormData 请求体数据,测试 multer 能否解析数据,测试结果如图 13-44 所示。

图 13-44　multer 模块解析图片与普通文本

第 3 步,验证表单数据是否合法。获取到客户端提交的表单数据之后,需要验证表单数据是否合法。此时数据被分成了两部分:一部分在 req.body 中,可以使用 express-joi 中间件进行验证;另一部分在 req.file 中,需要手动进行验证。

先来验证 req.body 中的数据。在 schema 目录下新建 article.js 验证规则模块,并创建 title、content、nav_id 验证规则。示例代码如下:

```
//导入joi模块
Const joi=require('joi')
//新闻标题
const title=Joi.string().required()
//新闻内容
const content=Joi.string().required()
//新闻分类id
const nav_id=Joi.number().integer().required()
//导出验证规则对象
exports.addarticle_schema={
    body:{
        title,
        content,
        nav_id
    }
}
```

返回路由模块，解构验证规则对象，在发布文章路由中使用 express-joi 中间件进行验证。示例代码如下：

```
//导入express-joi中间件
const expressJoi=require('@escook/express-joi')
//解构验证规则
const {addarticle_schema}=require('../schema/article')
//发布新闻
router.post('/addmsg',upload.single('cover_img'),expressJoi(addarticle_s
chema),article_fn.addmsgFn)
```

通过 Postman 工具测试 req.body 中的数据是否合法，将 nav_id 设置为 1.5，测试结果如图 13-45 所示。

图 13-45　验证数据是否合法

258

从图 13-45 中可以看出，验证 req.body 中的数据开发完成，接下来需要验证 req.file 中的数据。

打开 router_fn/article.js 事件处理函数模块，使用 if 语句判断用户是否上传了图片。示例代码如下：

```
//共享 addmsgFn 事件处理函数
exports.addmsgFn=(req,res)=>{
   console.log(req.file)
  if(!req.file||req.file.fieldname!=='cover_img'){
     return res.send({status:1,message:'缩略图不能为空'})
  }
}
```

第 4 步，实现新闻发布功能。表单数据全部验证完成之后，需要实现新闻发布功能。实现过程分为两步，首先将客户端发送的数据整合成一个对象，然后定义插入 SQL 语句。示例代码如下：

```
//导入数据库连接对象
const db = require('../db/index')
//导入 path 内置模块
const path=require('path')
//共享 addmsgFn 事件处理函数
exports.addmsgFn=(req,res)=>{
   console.log(req.file)
  if(!req.file||req.file.fieldname!=='cover_img'){
     return res.send({status:1,message:'缩略图不能为空'})
  }
  //整理插入数据
  const dataInfo={
     //客户端提交的 title、content、nav_id
     ...req.body,
     //文章封面
     cover_img:path.join('/uploads',req.file.filename),
     //发布时间
     c_date:new Date(),
     //当前登录用户
     author_id:req.user.id
  }
  //定义待执行的 SQL 语句
  const sql=`insert into db_article set ?`
  //执行 SQL 语句
  db.query(sql,dataInfo,(err,result)=>{
     //SQL 语句执行失败
     if(err){
        return res.send({status:1,message:err.message})
     }
     //SQL 语句执行成功，但是影响行数不等于 1
     if(result.affectedRows!==1){
```

```
        return res.send({status:1,message:'发布文章失败'})
    }
    //新闻发布成功
    res.send({status:0,message:'发布文章成功'})
  })
}
```

代码解析：

文章封面使用 path.join()方法拼接图片目录和图片名称；发布时间使用 new Date()获取系统当前时间；author_id 为当前登录的用户 id，通过解析 Token 把当前用户挂载到 req.user 中。

通过 Postman 工具测试最终的发布新闻 API 接口，测试结果如图 13-46 所示。

图 13-46　发布文章功能完成

数据库显示结果如图 13-47 所示。

图 13-47　将数据插入数据表

13.12.3　获取新闻文章列表的 API 接口

本节实现获取新闻文章列表的 API 接口开发，并实现文章列表分页功能。下述内容是发送给客户端的接口文档。

☑　接口描述：获取新闻文章列表。

☑ 请求 URL 地址：/article/newslist。

☑ 请求方式：GET。

☑ Header：Authorization:Token。

☑ URL 参数：如表 13-12 所示。

表 13-12　获取新闻文章列表接口 URL 参数

参 数 名	是 否 必 填	数 据 类 型	说 明
nav_id	是	int	文章分类 id
pagesize	是	int	每页显示多少条数据
pagenum	是	int	显示哪页数据

☑ 返回示例：

```
{
    "status": 0,
    "message": "获取新闻文章列表成功",
    "data": [
        {
            "id": 1,
            "title": "新闻 title",
            "c_date": null
        },
        {
            "id": 2,
            "title": "测试",
            "c_date": "2022-03-23 20:31:13.103"
        }
    ]
}
```

要实现上述功能接口，需要通过以下 3 步操作：

（1）定义路由及事件处理函数。

（2）验证客户端 URL 参数是否合法。

（3）实现查询新闻文章列表功能。

第 1 步，定义路由及事件处理函数。打开 router/article.js 路由模块，定义获取新闻文章列表的接口。示例代码如下：

```
//获取新闻文章列表
router.get('/newslist',(req,res)=>{
    res.send({status:0,message:'newslist OK'})
})
```

将事件处理函数抽离到 router_fn/article.js 模块，示例代码如下：

```
//共享获取新闻文章列表事件处理函数
exports.getNewsList=(req,res)=>{
    res.send({status:0,message:'newslist OK'})
```

```
}
```

返回路由模块，在获取新闻文章列表接口中调用 getNewsList 方法。示例代码如下：

```
//获取新闻文章列表
router.get('/newslist',article_fn.getNewsList)
```

通过 Postman 工具测试获取新闻文章列表 API 接口是否开通，测试结果如图 13-48 所示。

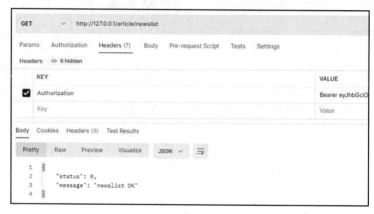

图 13-48　测试获取新闻文章列表接口

第 2 步，验证客户端 URL 参数是否合法。接口开通之后，需要验证客户端提交的表单数据是否合法。客户端通过 URL 地址传递参数，并且传递了 3 个参数。为了防止参数混乱，使用 "？" 形式进行传参。此时无须修改路由请求地址。

例如，下述接口表示查询新闻文章分类为 2 的数据，每页显示 5 条数据，当前显示第 1 页。

```
http://127.0.0.1/article/newslist?nav_id=2&&pagesize=5&&pagenum=1
```

客户端将数据提交给服务器端之后，接下来使用 express-joi 中间件验证数据是否合法，当前参数均为数字类型，并且为必填参数。

打开 schema/article.js 验证规则模块，定义验证规则。示例代码如下：

```
//新闻文章分类 id
const nav_id=Joi.number().integer().required()
//pagesize
const pagesize=Joi.number().integer().required()
//pagenum
const pagenum=Joi.number().integer().required()
```

接下来，导出验证规则对象。因为客户端提交的数据通过 req.query 获取，所以导出的验证规则在 query 属性中。示例代码如下：

```
//导出获取新闻文章列表验证规则
exports.getnewslist_schema={
```

```
query:{
    nav_id,
    pagesize,
    pagenum
  }
}
```

打开 router/article.js 路由模块，解构验证规则对象，并且在获取新闻文章列表接口中调用 express-joi 中间件。示例代码如下：

```
//解构验证规则
const {getnewslist_schema}=require('../schema/article')
//获取新闻文章列表
router.get('/newslist',expressJoi(getnewslist_schema),article_fn.getNews
List)
```

通过 Postman 工具测试验证规则是否生效，将请求参数设置为空，测试结果如图 13-49 所示。

图 13-49 验证数据是否合法

第 3 步，根据客户端发送的请求参数，实现新闻文章列表查询功能。打开 router_fn/article.js 事件处理函数模块，在获取新闻文章列表接口中定义 SQL 语句。示例代码如下：

```
exports.getNewsList=(req,res)=>{
    //获取客户端提交参数
    const pageInfo=req.query
    //定义分页 SQL 查询语句
    const sql=`select id,title,c_date from db_article where nav_id=?
limit ?,?`
    //执行 SQL 语句

db.query(sql,[pageInfo.nav_id,pageInfo.pagesize*(pageInfo.pagenum-1),pag
eInfo.pagesize],(err,result)=>{
    //SQL 语句执行失败
    if(err){
```

```
        return res.send({status:1,message:err.message})
    }
    //SQL 语句执行成功
    res.send({
        status:0,
        message:'获取新闻文章列表成功',
        data:result
    })
  })
}
```

代码解析：

上述代码中，难点在于分页 SQL 语句的写法。读者一定要牢记下述公式：

select * from db_article where nav_id_id=? limit x,y;

x=pagesize*（pagenum-1）

y=pagesize

通过 Postman 工具测试最终的获取新闻文章列表 API 接口，测试结果如图 13-50 所示。

图 13-50　获取新闻文章列表接口完成

13.12.4　根据 id 删除新闻

本节实现根据 id 删除新闻的 API 接口开发。下述内容是发送给客户端的接口文档。

☑　接口描述：根据 id 删除新闻。

☑　请求 URL 地址：/article/delnews/:id。

☑　请求方式：GET。

☑　Header：Authorization:Token。

☑　URL 参数：如表 13-13 所示。

表 13-13　删除新闻接口的 URL 参数

参 数 名	是 否 必 填	属 性 类 型	说　明
id	是	int	文章 id

☑　返回示例：

```
{
    "status": 0,
    "message": "新闻删除成功"
}
```

要实现上述功能接口，需要通过以下 3 步操作：

（1）定义路由及事件处理函数。

（2）验证客户端 URL 参数是否合法。

（3）实现删除功能。

第 1 步，定义路由及事件处理函数。打开 router/article.js 路由模块，定义删除新闻文章的 API 接口。示例代码如下：

```
//删除新闻文章
router.get('/delnews/:id',(req,res)=>{
    res.send({status:0,message:'delnews OK'})
})
```

将事件处理函数抽离到 router_fn/article.js 模块，示例代码如下：

```
//共享删除新闻文章事件处理函数
exports.delNews=(req,res)=>{
    res.send({status:0,message:'delnews OK'})
}
```

返回路由模块，在删除新闻文章 API 接口中调用 delNews 方法。示例代码如下：

```
//删除新闻文章
router.get('/delnews/:id',article_fn.delNews)
```

通过 Postman 工具测试删除新闻文章 API 接口是否开通，测试结果如图 13-51 所示。

第 2 步，验证客户端 URL 参数是否合法。接口开通之后，需要验证客户端发送的 URL 参数是否合法，id 参数为整数类型，并且为必填参数，使用 express-joi 中间件进行验证。

打开 schema/article.js 验证规则模块，定义验证规则并导出。示例代码如下：

```
//id验证规则
const id=Joi.number().integer().required()
//导出删除新闻文章验证规则
exports.delnews_schema={
```

```
  params:{
      id
  }
}
```

图 13-51　测试删除新闻文章接口

打开 router/article.js 路由模块，导入删除验证规则，并在删除新闻路由中使用 express-joi 中间件验证客户端发送的 URL 参数是否合法。示例代码如下：

```
//解构验证规则
const {delnews_schema}=require('../schema/article')
//删除新闻文章
router.get('/delnews/:id',expressJoi(delnews_schema),article_fn.delNews)
```

通过 Postman 工具测试验证规则模块是否生效。例如，将 id 参数设置为 1.5，测试接口如图 13-52 所示。

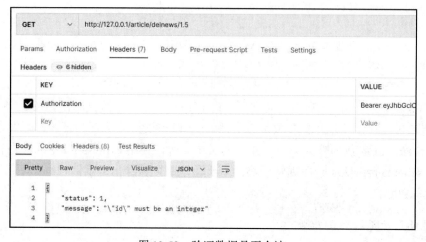

图 13-52　验证数据是否合法

第 3 步，实现删除功能。为了保证管理员后期还可以恢复数据，在数据表中新增 is_del 字段，0 表示数据未删除，1 表示数据已删除。客户端发送请求，其本质上调用的是更新语句。示例代码如下：

```
exports.delNews=(req,res)=>{
    //定义更新 SQL 语句
    const sql=`update db_article set is_del=1 where id=?`
    //执行 SQL 语句
    db.query(sql,req.params.id,(err,result)=>{
        //SQL 语句执行失败
        if(err){
            return res.send({status:1,message:err.message})
        }
        //SQL 语句执行成功但影响行数不等于 1
        if(result.affectedRows!==1){
            return res.send({status:1,message:'新闻删除失败'})
        }
        //删除成功
        res.send({status:0,message:'新闻删除成功'})
    })
}
```

通过 Postman 工具测试删除新闻文章 API 接口是否完成，测试结果如图 13-53 所示。

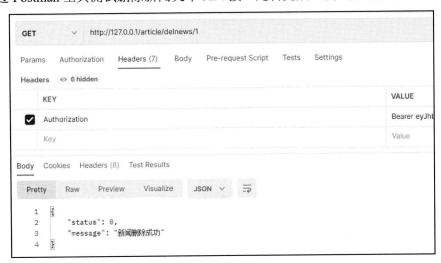

图 13-53　删除新闻文章接口完成

13.12.5　根据 id 获取新闻文章详情

本节实现新闻文章管理系统的最后一个 API 接口——根据 id 进入新闻文章详情页面。下述内容是发送给客户端的接口文档。

☑ 接口描述：根据 id 获取新闻文章详情。

☑ 请求 URL 地址：/article/newsinfo/:id。

☑ 请求方式：GET。

☑ Header：Authorization:Token。

☑ URL 参数：如表 13-14 所示。

表 13-14　获取新闻文章详情接口 URL 参数

参 数 名	是 否 必 填	数 据 类 型	说 明
id	是	int	文章 id

☑ 返回示例：

```
{
    "status": 0,
    "message": "获取新闻文章详情成功",
    "data": [
        {
            "id": 2,
            "title": "测试",
            "content": "123",
            ...
        }
    ]
}
```

要实现上述功能接口，需要通过以下 3 步操作：

（1）定义路由及事件处理函数。

（2）验证客户端 URL 请求参数是否合法。

（3）实现查询新闻文章详情功能。

第 1 步，定义路由及事件处理函数。打开 router/article.js 路由模块，定义查询新闻文章详情接口。示例代码如下：

```
//查询新闻文章详情
router.get('/newsinfo/:id',(req,res)=>{
    res.send({status:0,message:'newsinfo OK'})
})
```

将事件处理函数抽离到 router_fn/article.js 模块，示例代码如下：

```
//共享获取新闻文章详情事件处理函数
exports.newsInfo=(req,res)=>{
    res.send({status:0,message:'newsinfo OK'})
}
```

返回路由模块，在获取新闻文章详情接口中调用 newsInfo 方法，示例代码如下：

```
//查询新闻文章详情
router.get('/newsinfo/:id',article_fn.newsInfo)
```

通过 Postman 工具测试获取新闻文章详情接口是否开通，测试结果如图 13-54 所示。

第 2 步，验证客户端 URL 请求参数是否合法。接口开通之后，需要验证客户端请求的 URL 参数是否合法。id 的验证规则使用 13.12.4 节删除新闻文章 API 中的验证规则即可。打开 router/article.js 路由模块，示例代码如下：

```
//查询新闻文章详情
router.get('/newsinfo/:id',expressJoi(delnews_schema),article_fn.newsInfo)
```

图 13-54　获取新闻文章详情接口

第 3 步，实现查询新闻文章详情功能。获取到客户端请求参数后，打开 router_fn/article.js 事件处理函数模块，定义查询 SQL 语句并执行。示例代码如下：

```
exports.newsInfo=(req,res)=>{
    //定义根据 id 查询新闻文章详情 SQL 语句
    const sql= `select * from db_article where id=?`
    //执行 SQL 语句
    db.query(sql,req.params.id,(err,result)=>{
        //执行 SQL 语句失败
        if(err){
            return res.send({status:1,message:err.message})
        }
        //执行 SQL 语句成功但查询条数不等于 1
        if(result.length!==1){
            return res.send({status:1,message:'获取新闻文章详情失败'})
        }
        //获取新闻文章详情成功
        res.send({
            status:0,
            message:'获取新闻文章详情成功',
            data:result
        })
```

```
    })
}
```

通过 Postman 工具测试根据 id 获取新闻文章详情接口是否完成，测试结果如图 13-55 所示。

图 13-55　获取新闻文章详情接口完成